AUSFLÜGE in die MATHEMATIK

Das Bild auf der Umschlagseite zeigt eine Lösung der folgenden Aufgabe:

Lege eine geeignete Anzahl von Stäbchen gleicher Größe und gleicher Gestalt in der Ebene so, daß jedes unschraffierte Stäbchen genau 3 schraffierte und jedes schraffierte Stäbchen genau 5 unschraffierte berührt. Überschneidungen der Stäbchen und Berührungen von Stäbchen einer Art sind unzulässig.

Die dargestellte Lösung stammt von G. Wegner (Dortmund, 1984) und wurde mit Hilfe des am Institut entwickelten CAD-Systems MEMO-PLOT gezeichnet. Zur Förderung der ästhetisch-kreativen Beschäftigung mit Mathematik werden in Zusammenarbeit mit dem Werkschulheim Felbertal solche Stäbchen angefertigt.

Aufgaben der oben beschriebenen Art werden der "Diskreten Geometrie" zugezählt, einem Teilgebiet der Mathematik, das in Salzburg durch das Wirken von A. Florian seit 21 Jahren gepflegt wird.

AUSFLÜGE
in die
MATHEMATIK

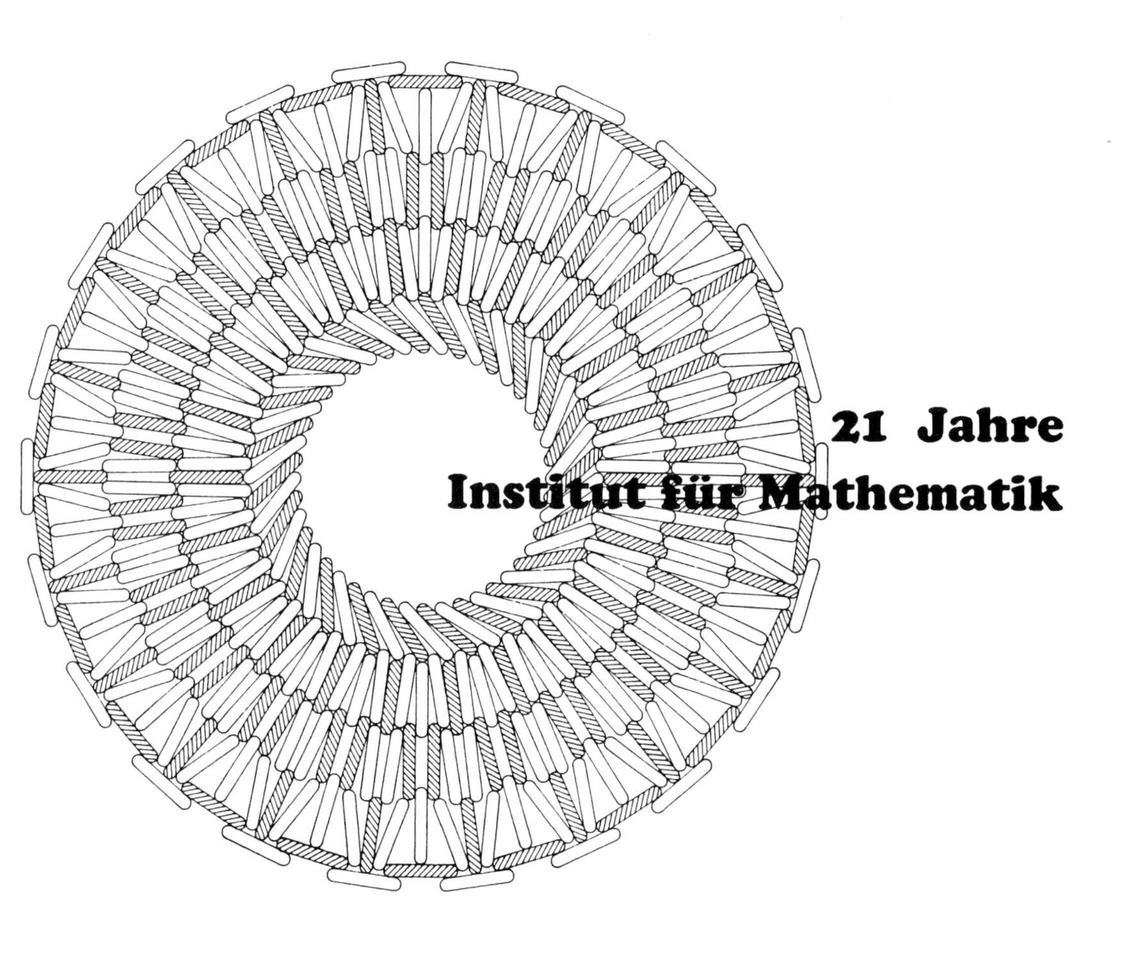

21 Jahre
Institut für Mathematik

Universität Salzburg

Das Institut für Mathematik dankt allen, die an dem Zustandekommen dieser Broschüre beteiligt waren, insbesonders

den Firmen und Institutionen, die durch Inserate die Finanzierung ermöglicht haben,

Frau Maria Angermaier, Frau Brigitte Elixhauser und Frau Eva-Maria Köstler für das Schreiben der Manuskripte,

den Herren Mag. Helge Hagenauer und Mag. Clemens Reichsöllner für ihre Hilfestellung bei der mathematischen Textverarbeitung

und Herrn Univ.-Doz. Dr. Karl Josef Parisot, ohne dessen Erfahrung und tatkräftige Unterstützung die Broschüre wohl nie in endlicher Zeit druckfertig geworden wäre.

ISBN 3-7044-0031-9

A-5020 Salzburg, Pezoltgasse 50

Satz: Institut für Mathematik, Salzburg, Ausdruck HP *Laserjet series II*

Druck und Bindung: Druckhaus Nonntal Ges.mb.H., Salzburg

ZUM GELEIT!

Es ist mir als Rektor der Universität Salzburg eine besondere Freude, aus Anlaß des 21-jährigen Bestehens des Institutes für Mathematik ein kurzes Geleitwort zu schreiben. Vor 21 Jahren, das war 1967, wurde durch die Berufung von August Florian (nach einer Gastprofessur von Peter Lesky) die Mathematik in Salzburg etabliert. Seit 1969 bin auch ich am Institut für Mathematik tätig. Da die Wiedererrichtung der Universität erst 1962 erfolgte, sind 21 Jahre ein beachtliches Alter.

In den vergangenen Jahren konnte das Institut aus bescheidenen Anfängen zu einer Lehr- und Forschungsstätte heranwachsen, die Diplomstudien in Mathematik vollgültig betreuen kann und die eine Zahl gelungener Dissertationen und Habilitationen aufweist. Die frühzeitige Beachtung einer fachdidaktischen Ausbildung der Lehrerstudenten führte zum Entstehen der Abteilung Mathematik innerhalb des Instituts für Didaktik der Naturwissenschaften. Dem Trend der Zeit entsprechend wurden auch Inhalte und Probleme der Informatik berücksichtigt und somit der Grundstein zu einem Ausbau der Systemanalyse, der Softwaretechnologie und anderer computerwissenschaftlicher Disziplinen gelegt. Stets war das Institut bemüht, die Beschaffung der notwendigen Literatur zu sichern, doch hat die Knappheit an Finanzen hier erschwerend gewirkt. Eine Beeinträchtigung der Breitenwirkung und interdisziplinären Kooperation ist durch das Fehlen der Studienmöglichkeiten in Physik und Chemie gegeben.

Die Zahl 21 ist keine "runde" Zahl, aber die Definition einer "runden" Zahl steht in der Zahlentheorie noch aus. Immerhin ist 21 Summe von 3 Quadraten, nämlich $1^2 + 2^2 + 4^2$. Ferner ist 21 das Produkt von 3 und 7, beides Zahlen, denen von alters her eine besondere Bedeutung zugesprochen wird. Die Anzahl der zu 21 teilerfremden Reste ist 12, eine Zahl, die in der Bibel eine große Rolle spielt. Überdies ist 21 die Dreieckszahl zur Basis 6, dies bedeutet $21 = 1 + 2 + 3 + 4 + 5 + 6$, so wie die Zahl 153 die Dreieckszahl zur Basis 17 ist und biblische Fülle bedeutet.

So wünsche ich dem Institut noch viele gedeihliche Jahre!

F. Schweiger

Univ. Prof. Dr. F. Schweiger

Es fragte sich einst Pascal,
wie zu vereinen sei
die logique de la raison
mit der logique du coeur,
bis Wirth ihm eine Antwort gab.

"Klarheit ist genug, um die
Auserwählten zu erleuchten,
und Dunkelheit genug, um sie
zu demütigen", sprach alsdann
der Philosoph.
Der Mathematiker schwieg und dachte lange nach.

Dr. Alois Untner

Der Mathematik gewidmet:

Fiebernd betret
ich die endlose Treppe,
den Turm, den gläsernen Turm hinauf,
und spüre nicht
die Stufen entschwinden,
wie hilflos ich falle,
mit jedem neuen, trotzigen Schritt.

R.Wolf

INHALTSVERZEICHNIS

Das INSTITUT für MATHEMATIK an der Naturwissenschaftlichen Fakultät der Universität Salzburg hat für 16. Juni 1988 zu einem Nachmittag der offenen Tür eingeladen.

14–17 Uhr, Blauer Hörsaal (Erdgeschoß):
CAD - Nonstop: *"Zeichnen und Konstruieren mit dem Computer, Anwendungen in Geodäsie und Kartographie"* – Vorführung des am Institut für Mathematik entwickelten CAD-Programm-Paketes MEMO-PLOT W. Bauer und H. Stegbuchner

KURZVORTRÄGE im Unterrichtsraum 414, 1. Stock

14.00 Uhr: *"Was mache ich, wenn ich mathematische Forschung betreibe ?"* G.Larcher

14.45 Uhr: *Erläuterung und Illustration von Fragestellungen zum Thema "Zufallsgesetze in chaotischen dynamischen Systemen"* C.Reichsöllner und M.Thaler

15.30 Uhr: *"Die Normalverteilung in Wort und Bild – Einführung in die stochastische Modellbildung am Beispiel der Meßfehler"* (Daten können mitgebracht werden, um die zugrundeliegende Grundgesamtheit auf Normalverteilung zu testen – anschließend im Zimmer 1.028) F.Österreicher

16.15 Uhr: *"Wozu gekrümmte Räume gut sein können"* – Ein neuartiges Anwendungsbeispiel aus der Metallurgie J.Linhart

14 – 17 Uhr **MATHEMATISCHE PLAUDEREIEN** über folgende Themen (zwangloses Kommen und Gehen)

"Was sind Zahlen, was sind Mengen, was ist Logik ?" H.Czermak, Zimmer 1.012

"Verbesserung bildgebender medizinischer Verfahren" – Gemeinsame Forschungsaktivitäten der Institute für Mathematik und für Systemanalyse H.Efinger, H.Hagenauer, M.Revers und P.Zinterhof, Zimmer 1.016

"Mach das Beste draus, wenn's geht" – Mathematische Optimierung im Zusammenhang mit kürzesten Wegen, Seifenblasen und dem Wechselspiel von Angebot und Nachfrage
W.Frank, Zimmer 1.017

"Anwendung mathematischer Methoden zur Berechnung mechanischer Größen im Rahmen eines CAD-Systems" F.Kinzl, Zimmer 1.011

"Wozu Mathematik in der Schule ?" F.Schweiger, Zimmer 1.037

"CAD-Werkstatt: Wie sieht die Arbeit eines Softwareentwicklers aus ?"
W.Bauer, J.Linhart und H.Stegbuchner, Zimmer 1.048

WARUM GERADE EINE 21-JAHR-FEIER?

Vor nicht allzu langer Zeit wurde man erst mit 21 Jahren volljährig, und 21 ist als Produkt der beiden "heiligen" Zahlen 3 und 7 sicher eine interessantere Zahl als die "runde" 20. Die nächsten schönen Zahlen wären 22 (das ist 2×11), 23 (das ist eine Primzahl), 24 (das ist $2^3 \times 3$), 25 (das ist 5^2), besonders attraktiv ist vielleicht 32 (das ist 2^5 oder in computerzeitgerechter Schreibweise 100000). Doch keine Angst - wir denken nicht daran, uns nun jedes Jahr mit entsprechenden Feiern zu beschäftigen; wir nehmen diese 21 Jahre lediglich zum Anlaß, unser Institut zu einer Zeit, die in mehrfacher Hinsicht eine Übergangsphase bedeutet, einer breiteren interessierten Öffentlichkeit vorzustellen.

Bei vielen Außenstehenden scheinen nur sehr vage Vorstellungen davon vorhanden zu sein, was an einem Institut für Mathematik eigenlich geschieht. Wird man als Mathematiker nach seinem Beruf gefragt und gibt man wahrheitsgemäß Auskunft, so erwähnt der Gesprächspartner in der Regel irgendwelche unliebsamen Schulerinnerungen und wechselt danach das Thema. Ärzte, Juristen und Historiker berichten meist von anderen Erfahrungen in entsprechenden Situationen. Am ehesten scheint die Lehre an einem Institut für Mathematik vorstellbar zu sein - so eine Art Schulunterricht in einer noch etwas höheren Mathematik als die aus der Schule bekannte; aber mathematische Forschung? Was kann hier überhaupt noch geforscht werden, wie geschieht das, und wozu?

Auch dem "allgemein Gebildeten" ist oft unbekannt, wie sehr die Mathematik in ihrer heutigen Form ein spezifisches Erbe der antiken Kultur ist. Wir können den Beginn der Mathematik als *Wissenschaft* mit Thales v. Milet ansetzen, dem nachgesagt wird, er habe als erster bewiesen, daß der Kreis durch einen Durchmesser in zwei gleiche Teile geteilt wird - eine Tatsache, die anschaulich klar ist und wo zunächst gar nicht einsichtig ist, warum da überhaupt etwas zu beweisen ist. Die grundlegende Erkenntnis, daß hier über die Anschauung hinaus noch eine besondere Begründung erforderlich ist, führte zur Entwicklung der Geometrie zu einem eindrucksvollen, auf Axiomen fußenden Gebäuden von Sätzen, das uns der griechische Mathematiker Euklid (um 300 v.Chr.) überliefert hat. Dieses Werk hat die abendländische Wissenschaftsgeschichte beeinflußt wie kaum ein anderes; *more geometrico*, das war und ist in wesentlicher Hinsicht bis heute ein wissenschaftliches Ideal. Diese Mathematik stellt eine der ganz großen kulturellen Leistungen der Griechen dar, ebenbürtig jenen auf den Gebieten der Philosophie, Literatur und Kunst, mit spürbaren Nachwirkungen bis in die Gegenwart herauf.

Die Pflege der Mathematik sollte ein selbstverständliches Anliegen eines Kulturstaates sein, in dem auch Museen und Theater subventioniert werden, obgleich dies anscheinend oft hauptsächlich wegen irgendeiner Umwegrentabilität geschieht. Mit einer solchen kann aber auch die Mathematik aufwarten; häufig zeigt sich die Anwendbarkeit eines Stückes Mathematik, das zunächst aus rein theoretischem Interesse betrieben wurde, zu einem viel späteren Zeitpunkt. Ein häufig zitiertes Beispiel ist die von George Boole um die Mitte des vorigen Jahrhunderts entwickelte Algebra der Aussagenlogik, die heute die Grundlage für die Computerlogik abgibt. Bekannt ist vielleicht auch, daß die Primzahltheorie, die bis in antike Zeit zurückgeht, bei modernen Verschlüsselungstechniken eine wesentliche Rolle spielt - es wäre einfach zwecklos oder unmöglich, mit dem Aufbau einer solchen Theorie erst zu beginnen, wenn man sie benötigt, weil man ja in der Regel vorher gar nicht wissen kann, was sie überhaupt bringen wird. Wir brauchen aber, um hier nach Beispielen zu suchen, gar nicht in die Ferne schweifen, sondern nur in dieser Broschüre zu blättern; hier findet man u.a., wie sich eine um die Mitte des vorigen Jahrhunderts entwickelte mathematische Theorie in der Metallurgie als nützlich erweist.

Natürlich gibt es - und gab es "immer schon" - auch eine von vornherein auf Anwendung hin orientierte Mathematik, und oft haben praktische Probleme den Anstoß zur Behandlung rein mathematischer Fragen gegeben. Aber auch bei der Beschäftigung mit direkt anwendungsorientierter Mathematik hängt der Erfolg häufig von einem entsprechenden theoretischen Hintergrund ab - diese Erfahrung machten z.B. jene Autoren, die im folgenden über Anwendungen der Mathematik im Computerbereich schreiben.

Die Broschüre mag dem Leser als sehr inhomogen erscheinen, denn die einzelnen Beiträge sind in Thematik, Darstellung und Anspruch sehr unterschiedlich. Bewußt wurde auf eine größere Einheitlichkeit verzichtet, um die – für den Außenstehenden in diesem Ausmaß vielleicht überraschende – Individualität der Mathematik nicht zu verdecken. Der Leser wird sich so mit verschiedenen Arten und Weisen, wie Mathematik aufgefaßt und betrieben werden kann, konfrontiert sehen und vielleicht das eine oder andere finden, das ihm selbst zusagt.

Es wurde eingangs erwähnt, daß das Institut sich in einer Übergangsphase befindet, und dies in mehrfacher Hinsicht. Wir hoffen, daß die "Wanderjahre" von der Porschestraße über die Petersbrunnstraße nach Freisaal nun, zwei Jahre nach der Übersiedlung, mit der Eingewöhnung in dieses neue Gebäude, abgeschlossen sind. Bedeutsamer für uns sind aber die folgenden Veränderungen:

1. Die Anzahl der Lehramtsstudenten geht immer mehr zugunsten der sogenannten Diplomstudenten zurück. Dies erfordert einen größeren Aufwand im Lehrbetrieb, da die Diplomstudenten kein zweites Fach zu studieren brauchen, daher auch fast doppelt soviele Lehrveranstaltungen zu absolvieren haben, und ihnen auch im Sinne einer entsprechenden Berufsvorbereitung Schwerpunktbildungen zu ermöglichen sind.

2. Der Studienversuch "Computerwissenschaften" wird vielleicht schon ab kommenden Studienjahr zu realisieren sein. In der Präambel des beantragten Studienplans heißt es: "Ein vorrangiges Ziel ist es, daß der Absolvent aufgrund solider theoretischer Kenntnisse jene Flexibilität besitzt, wie sie für eine vielfältige und stetig sich verändernde Berufspraxis erforderlich ist. Daher ist auch die Mathematik in einem entsprechendem Ausmaß im Studienplan vertreten, da gerade sie einerseits in Hinblick auf die zunehmenden Rechnerleistungen immer mehr spezielle Methoden und Algorithmen für verschiedenste Anwendungsbereiche anzubieten hat und sie andererseits das Erlernen gewisser Problemlösungstechniken (Abstraktion, präzise Formulierung, logische Vollständigkeit, Modellbildung) in einem besonderen Ausmaß ermöglicht." Natürlich wird es erforderlich sein, die Mathematik auf die spezifischen Bedürfnisse dieser Studenten abzustimmen.

3. Die Lehraufgaben werden von den Institutsmitgliedern gerne wahrgenommen, sie bedeuten auch einen Ausgleich zu der eher in Zurückgezogenheit durchgeführten Forschungsarbeit. Allerdings ist der für den Studienbetrieb erforderliche Zeitaufwand stark im Steigen begriffen, die für eine kreative wissenschaftliche Tätigkeit notwendige Muße und Ruhe leiden darunter.

4. Aufgrund der Altersstruktur, der dienstrechtlichen Stellung der Mitarbeiter des Instituts und dem allgemeinen Stellenmangel sind größere personelle Veränderungen nicht zu erwarten. Für Forschung und Lehre wäre aber eine ausgewogene Mischung von Altersgruppen und eine ständige Auseinandersetzung mit Ideen und Erfahrungen von Kollegen, die von anderen Instituten kommen, sehr wichtig. Wir versuchen, durch Kontakte mit in- und ausländischen Mathematikern in Form von Gastprofessuren und Auslandsaufenthalten einen gewissen Ausgleich zu erreichen, allerdings sind die entsprechenden gesetzlichen Regelungen nicht günstig.

5. Einen großen Nachteil bedeutet das Fehlen der Physik, dem naheliegendsten Anwendungsgebiet der Mathematik, als eigene Studienrichtung in Salzburg. Die Etablierung der Computerwissenschaft wird möglicherweise auf anderer Ebene einen gewissen Ausgleich bringen. Eine Zusammenarbeit mit dem entsprechenden Institut wird sich in natürlicher Weise daraus ergeben, daß der Computer schon bisher in Forschung und Lehre in der Mathematik eine Rolle spielte. Kontakte mit anderen wissenschaftlichen Instituten an und auch außerhalb unserer Universität bestehen, doch bremst die zunehmende Arbeitsbelastung die Intensivierung, die im Interesse beider Partner liegen würde.

Ein wichtiger Anlaß zum Feiern ist auch der 60. Geburtstag von Herrn Prof. Dr. August Florian, der am 27.12.1967 als erster Ordinarius seinen Dienst am Institut für Mathematik angetreten hat und zusammen mit Herrn Doz. Dr. Wilhelm Fleischer am Aufbau des Instituts maßgeblich beteiligt war. Ein kleines internationales Kolloquium - die Vortragenden kommen aus Ungarn, der Bundesrepublik, England und Österreich - aus Diskreter Geometrie, dem Arbeitsgebiet von Prof. Florian, wird am 17. Juni 1988 an unserem Institut veranstaltet.

Johannes Czermak

Mirabell
Optik
IHR MEISTER OPTIKER
Brillen · Kontaktlinsen
Lupenbrillen · Hörgeräte

FASZINATION MATHEMATIK

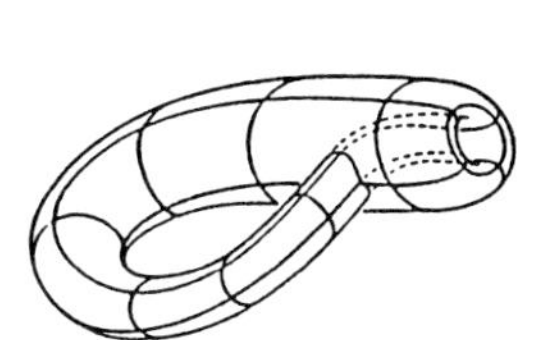

viel Spaß wünscht Peter

1. EiNLEiTUNG

MATHEMATIK ist eine Herausforderung – leider merkt man davon meist viel zu wenig, sondern bekommt nur eine wohlentwickelte, komplizierte Maschinerie zu ☹ (-Gesicht) und meint, es ist ohnehin schon alles erledigt. Das stimmt aber gar nicht (lies z.B. weiter unten: ein zweites Spiel).

Ich will hier Fragen und Beispiele vorstellen, die meist leicht zu formulieren sind und hoffentlich zum weiteren NachDENKEN und vielleicht auch zum Experimentieren anregen. Alle Kostproben zeigen typische mathematische Denkweisen, einige stehen am Beginn großer Theorien. – Fast alle Beispiele hier sind voneinander unabhängig lesbar.

Mathematiker, Physiker und Soziologe sitzen im Zug und passieren die Landesgrenze. Sie sehen zwei schwarze Schafe.
Da meint der Soziologe: »Ich schätze, alle Schafe in diesem Lande sind schwarz.«
Doch der Physiker antwortet: »Das können Sie nicht sagen. Man kann höchstens behaupten: Zwei Schafe in diesem Lande sind schwarz.«
Der Mathematiker schüttelt darauf den Kopf und meint: »Auch das können Sie nicht behaupten. Man kann lediglich sagen: Zwei Schafe in diesem Lande sind auf einer Seite schwarz.«

Lieber ..., nun noch eine GEBRAUCHSANLEITUNG:

1. Blättere diesen Artikel durch und lies dort weiter, wo Dich etwas anspricht
2. Versuche zuerst gut zu verstehen, worum es geht
3. Bevor Du weiterliest, nimm Bleistift und Papier (oder eine Schnur, oder ...) und probiere selbst
4. Mache Experimente oder Versuche auch für Variationen (ähnliche, vielleicht einfachere Situationen)
5. Hast Du etwas herausgefunden, so überlege, ob Deine Überlegung auch auf verwandte Fragestellungen anwendbar ist
6. Hoffentlich hast Du Spaß und Freude und einige ausgefüllte Stunden

7.–33. Sind leider verlorengegangen

warum leider?

ABFALL

EXPERIMENT 1:

ZUTATEN: Einige gleichgroße Münzen
(Diese sind auch später noch für das erste Spiel brauchbar)

ⓐ Lege beide Münzen so, daß sie sich berühren.

Halte eine Münze fest und laß die 2. Münze einmal um die erste herumrollen, bis sie wieder in der Ausgangslage ist.

Wie oft dreht sich dabei die zweite Münze?
(Rate zuerst, bevor Du probierst!)

ⓑ Nehme drei Münzen und lege sie in einer Linie so auf, daß sie sich berühren.
Die 1. Münze bleibt fest,
die 2. rollt um die 1. herum,
die 3. rollt auf der 2. ab,
so daß alle 3 Münzen immer in einer Linie bleiben.

Wie oft dreht sich dabei die dritte Münze?

(Rate zuerst, bevor Du probierst!)

ⓒ Wie ⓑ, nur diesmal mit 4, 5, ... Münzen.

ⓓ Wie ⓐ, nur diesmal verhalten sich die Umfänge (oder Radien; ist das das Gleiche?) wie 3 : 2 (allgemein m:n).

(Antwort: ⓐ zweimal ⓑ gar nicht ⓒ versuch es doch ⓓ ??)

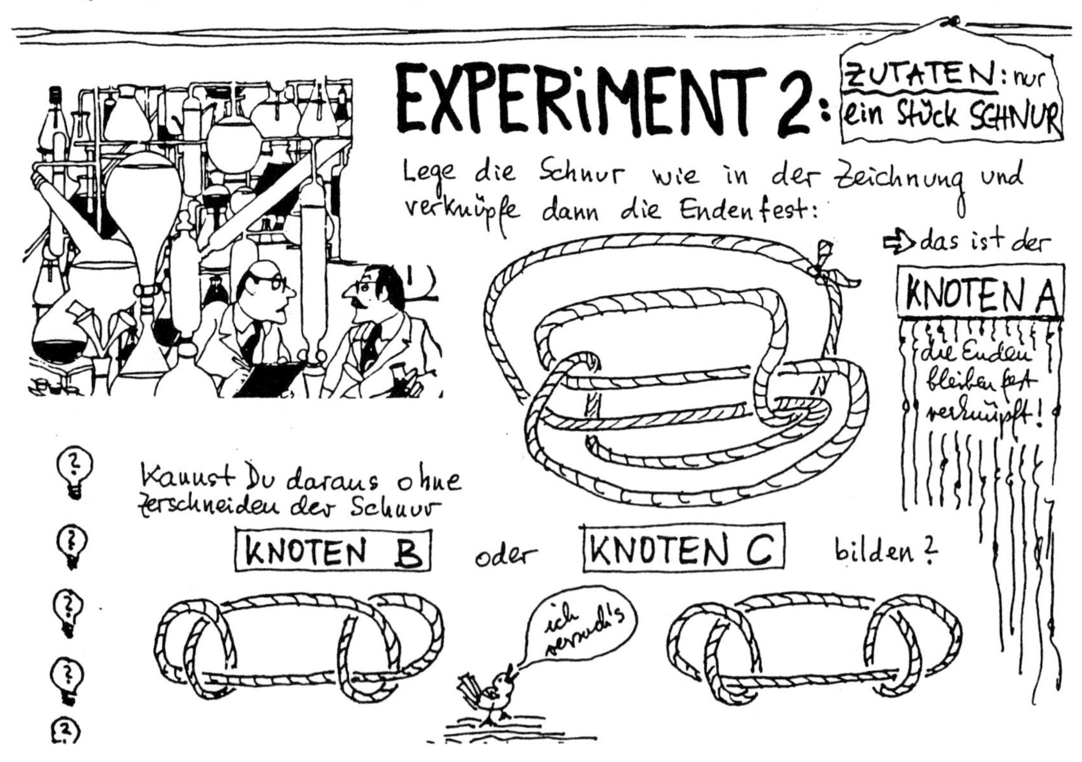

EXPERIMENT 2:

ZUTATEN: nur ein Stück SCHNUR

Lege die Schnur wie in der Zeichnung und verknüpfe dann die Enden fest:

⇨ das ist der KNOTEN A

die Enden bleiben fest verknüpft!

Kannst Du daraus ohne Zerschneiden der Schnur KNOTEN B oder KNOTEN C bilden?

ANTWORT zu Experiment 2: Etwas Probieren zeigt, daß aus KNOTEN A nur der KNOTEN C erhalten wird. Man sagt, die KNOTEN A, C sind äquivalent. Daß aus A niemals KNOTEN B erhalten werden kann, folgt nicht aus dem Experiment (vielleicht vergessen wir stets einige Möglichkeiten beim Experimentieren?). Dazu ist eine allgemeine (leider recht komplizierte) Theorie notwendig, nämlich die

KNOTENTHEORIE

(es werden Eigenschaften gesucht, die sich beim Umformen eines KNOTENS nicht ändern = INVARIANTEN)

Ein einfaches Beispiel für eine INVARIANTE liefert:

Experiment 3

Zerschneide ein DREIECK mit einer Schere in kleinere Teile und bilde daraus ein RECHTECK

Das kann mein Computer nicht lösen!

Geht das?
Wie geht das?
Wann geht das (oder geht es immer)?

NATÜRLICH geht das, z.B. so:

2 1

2 1

mehr darüber unter ☎ 8044/5304

Ebenso natürlich ist, daß beide Figuren die gleiche Fläche haben (es geht ja nichts verloren).

Läßt sich eine Figur in Teile zerschneiden und daraus eine andere Figur zusammensetzen, dann heißen beide Figuren ZERLEGUNGSGLEICH

Da beide Figuren gleiche Fläche haben, sagt man:

Das ist ja ein mathematischer SATZ

DER FLÄCHENINHALT ist eine INVARIANTE unter Zerlegungsgleichheit.

Obiges Dreieck und Rechteck haben also gleiche Fläche.
Länge des Rechtecks = Grundlinie des Dreiecks Breite = halbe Höhe des △
Daher gilt:

$$\text{Fläche eines DREIECK's} = \frac{\text{GRUNDLINIE} \times \text{HÖHE}}{2}$$

Die Mathematik ist heute sehr technisch und formal. Es ist kaum mehr möglich, einem Laien zu sagen, worüber ein Mathematiker nachdenkt. Man kann das auch so formulieren:

DIE MATHEMATIK HAT GROSSE FORTSCHRITTE GEMACHT.

Ein <u>Beispiel</u> soll das veranschaulichen: Wenn PLATON und PYTHAGORAS heute lebten und über ihre neuesten Ergebnisse einen Vortrag hielten, so würde folgendes passieren: PLATON würde mit seinen IDEEN von den Philosophen durchaus ernst genommen werden, PYTHAGORAS aber würde wahrscheinlich schon von Gymnasiasten verlacht werden und man würde ihm raten, doch einmal in die Schule zu gehen und dann das Fach Mathematik durch ein Studium zu vertiefen. Wenn er dann noch fest weiterarbeite, könne man vielleicht seine Ergebnisse ernst nehmen.
Ist es nicht so ???

Der MATHEMATIKER sucht nach allgemeinen Gesetzmäßigkeiten unter IDEALEN Bedingungen, z. B.

...zeichnen kann ja jeder, was er will, ...

FRAGE: Wie ist dieses Foto entstanden ????

.. unter idealen Bedingungen ?..

Fortsetzung der GEBRAUCHSANLEITUNG:

1 – 33 siehe oben

34 überlege, ob es überhaupt eine Lösung gibt (siehe FRAGE 1)

35 überlege, ob es 1 oder mehrere Lösungen gibt

Es wird von einem Professor der Mathematik berichtet, der in der Vorlesung häufig etwas durcheinanderbrachte. Das kommt zwar öfters vor, doch schien es bei diesem Dozenten ziemlich schlimm zu sein, denn seine Studenten berichteten über seinen Vorlesungsstil:
»Er sagt A, schreibt B, meint C, rechnet D, aber E wäre richtig gewesen.«

... das ist infam!!!

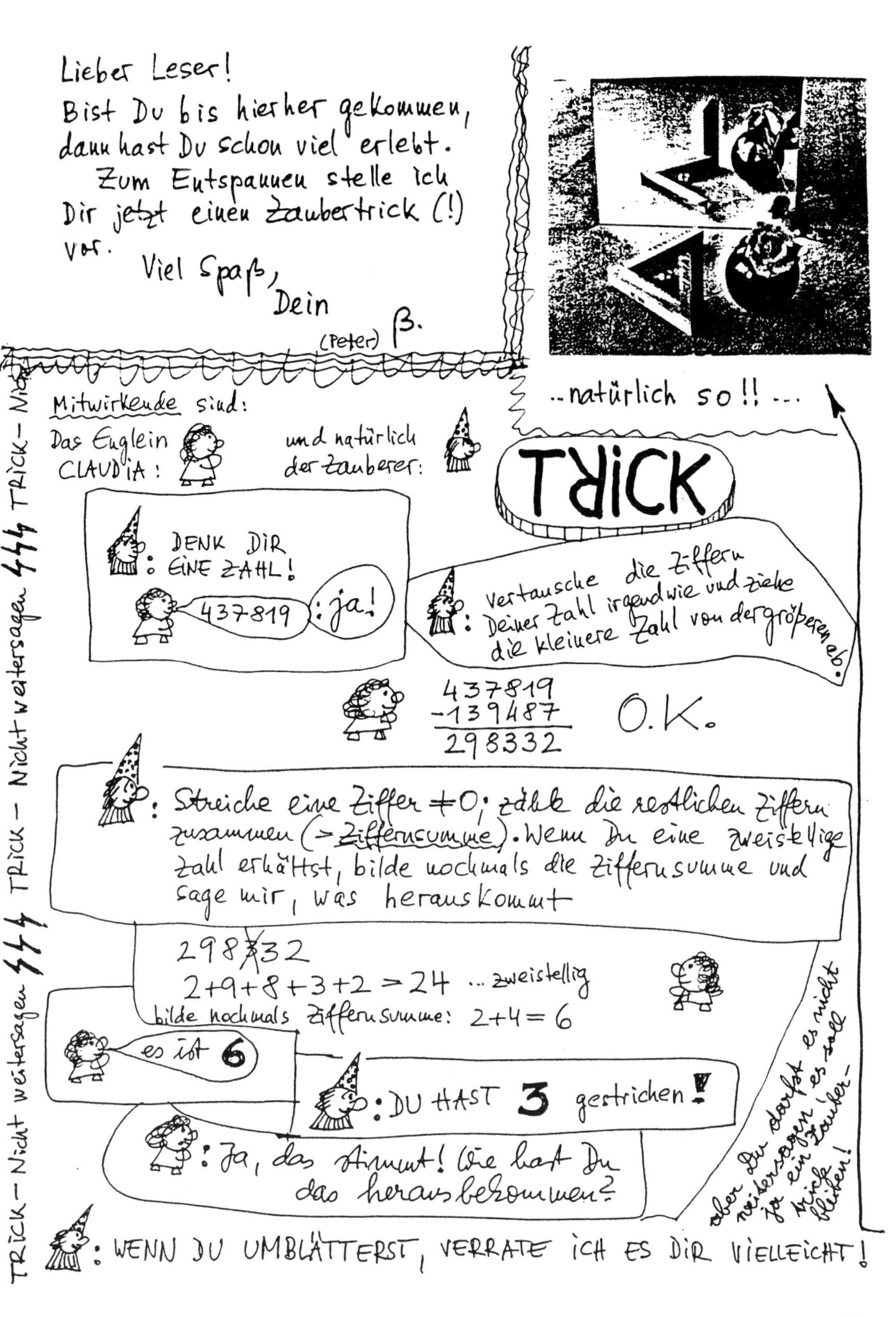
Lieber Leser!
Bist Du bis hierher gekommen, dann hast Du schon viel erlebt.
Zum Entspannen stelle ich Dir jetzt einen Zaubertrick (!) vor.
Viel Spaß,
Dein
(Peter) β.
..natürlich so!! ...
Mitwirkende sind:
Das Englein CLAUDIA:
und natürlich der Zauberer:
TRICK
DENK DIR EINE ZAHL!
437819
ja!
Vertausche die Ziffern Deiner Zahl irgendwie und ziehe die kleinere Zahl von der größeren ab.
437819
−139487
298332
O.K.
Streiche eine Ziffer ≠ 0; zähle die restlichen Ziffern zusammen (→ Ziffernsumme). Wenn Du eine zweistellige Zahl erhältst, bilde nochmals die Ziffernsumme und sage mir, was herauskommt
298332
2+9+8+3+2 → 24 ... zweistellig
bilde nochmals Ziffernsumme: 2+4=6
es ist 6
DU HAST 3 gestrichen!
Ja, das stimmt! Wie hast Du das herausbekommen?
WENN DU UMBLÄTTERST, VERRATE ICH ES DIR VIELLEICHT!
aber Du darfst es nicht weitersagen, es soll ja ein Zaubertrick bleiben!
TRICK – Nicht weitersagen 444 TRICK – Nicht weitersagen 444 TRICK – Nic

TRICK-ERKLÄRUNG:
(Eine Begründung dieser Erklärung ist etwas mühsam und beruht auf Eigenschaften der Teilbarkeit einer Zahl durch 9 – ich gebe daher nur das Rezept an)
Zähle von der Zahl, die Dir gesagt wird, weiter, bis Du zu einem Vielfachen von 9 kommst; wie oft Du weiterzählen mußt, gibt die gestrichene Ziffer.
Bei uns:
6 7 8 9
1 2 3 x
weiter
3 wurde gestrichen
EINE ZAHL IST DURCH 9 TEILBAR, WENN IHRE ZIFFERNSUMME ES AUCH IST.
NACHBARN
HAHA-
aus: Pythagoras, Niederlande
Blätterst Du in einem Atlas, dann schau einmal genau auf die einzelnen Länder und wie sie zueinander liegen. Zwei Länder (in der Ebene), die ein Stück Grenze (= Rand) gemeinsam haben, heißen benachbart.
Ebene
a) Wieviele Länder findest Du, die gegenseitig benachbart sind? Kann es noch mehr geben, wenn Du die Länder selbst einteilst?
D
CH
A
I
YU
B
F
L
D
=
sicher 3! z.B. A, I, YU
ich finde sogar 4! Luxemburg + Nachbarn
mehr als 4 gibt es nicht!
Wenn Du nämlich solche Länder hast, dann muß der duale GRAPH (wähle in jedem Land einen Punkt • und verbinde zwei Punkte durch eine - - - Linie, wenn die entsprechenden Länder ein Stück Grenze gemeinsam haben) ohne Überschneidungen in der Ebene gezeichnet werden können
EBENE ≠ RAUM
Raum
b) Wieviele Gebiete im Raum kann es geben, so daß je zwei benachbart sind (dh. ein Stück Rand gemeinsam haben)?
∞ viele,
z.B. so:
7 6 5 4 3 2 1
7 6 5 4 3 2
7 6 5 4 3 2 1
6 5 4 3 2 1
das leistet die Mathematik
Es läßt sich aber beweisen, daß das für 5 und mehr Länder nicht möglich ist!

Wie groß ist $1+2+\dots+(n-1)+n = ?$

Einer der größten Mathematiker, C.F. GAUSS, (1777 – 1855) hat das im Alter von 12 Jahren so gelöst:

$$\left.\begin{array}{l} 1+2+\dots+(n-1)+n \\ n+(n-1)+\dots+2+1 \end{array}\right\}+$$

$$\underbrace{(n+1)+(n+1)+\dots+(n+1)+(n+1)}_{n \text{ Stück}} = n(n+1)$$

also:

$$2\cdot(1+2+\dots+(n-1)+n) = n\cdot(n+1)$$

daher

$$1+2+\dots+(n-1)+n = \frac{n\cdot(n+1)}{2}$$

MORAL: Berechne etwas auf zwei Arten und du erhältst eine Formel

Dieses Prinzip ist in vielen Fällen anwendbar. Noch einige Beispiele dafür:

①

3	3
1	3

= 1 + 3 3 3

$2^2 = 1 + 3$

die Flächen sind gleich groß

5	5	5
3	3	5
1	3	5

= 1 + 3 3 3 + 5 5 5 5 5

$3^2 = 1 + 3 + 5$

und das geht so weiter, daher gilt

$$n^2 = 1+3+5+\dots+(2n-1)$$

EINSICHT

② PYTHAGORAS

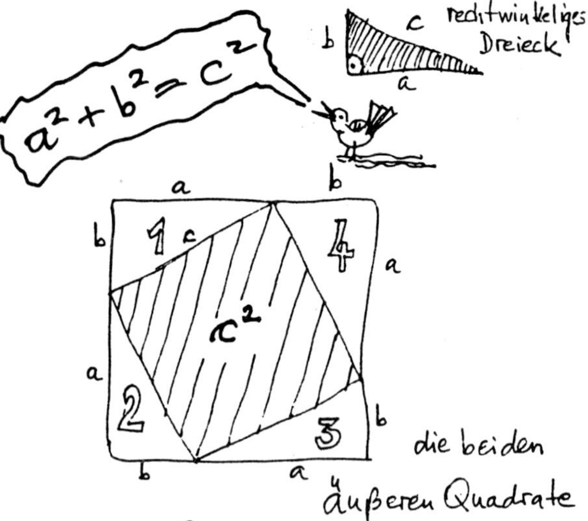

die beiden äußeren Quadrate sind gleich groß

a

b 1 c 3 b^2

4 a

a^2

2

b

also sind auch die schraffierten Flächen gleich groß.

Daher gilt: $a^2 + b^2 = c^2$

q.e.d.

---

③

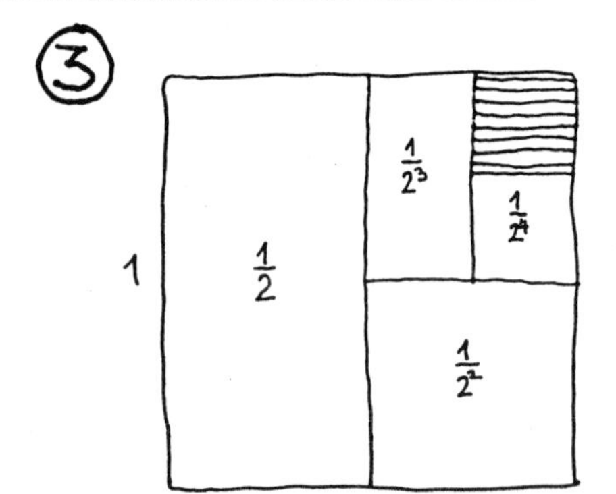

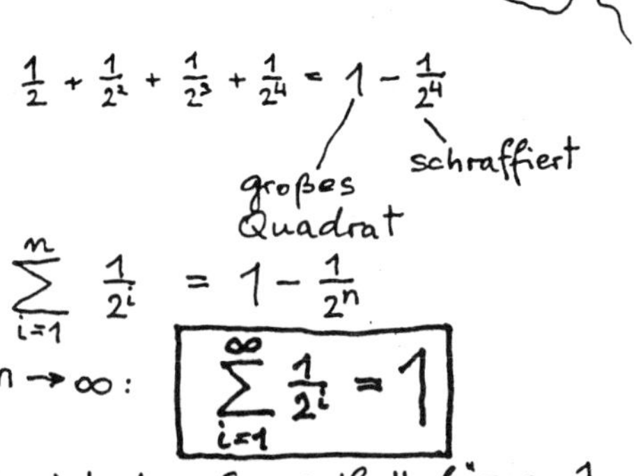

$$\frac{1}{2} + \frac{1}{2^2} + \frac{1}{2^3} + \frac{1}{2^4} = 1 - \frac{1}{2^4}$$

großes Quadrat (1) – schraffiert ($\frac{1}{2^4}$)

$$\sum_{i=1}^{n} \frac{1}{2^i} = 1 - \frac{1}{2^n}$$

$n \to \infty$: $$\sum_{i=1}^{\infty} \frac{1}{2^i} = 1$$

Das ist der Spezialfall für $q = \frac{1}{2}$ der allgemeineren Formel

$$\sum_{i=1}^{\infty} q^i = \frac{q}{1-q} \quad \text{für } -1 < q < 1$$

geometrische Reihe

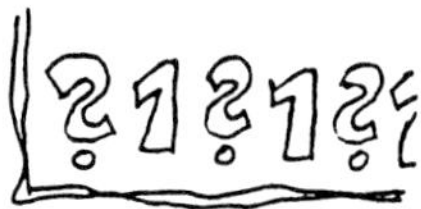
?1?1?

FRAGE 1: Nenne mir die größte Zahl, die Du kennst!
27
99999999
9x9x9x9x9x9x9
9999999999
ANTWORT (ausnahmsweise schon hier):
Die größte Zahl ist natürlich 1. Denn wäre die größte Zahl, nennen wir sie N, größer als 1, also
N > 1
stellen wir uns das als Gewichte vor:
N
1
wenn wir auf beide Seiten der Waage N solche Gewichte stellen:
hier wird es viel schwerer
N
N
Gewicht N.1 = N
Gewicht N.N
daraus folgt also
N·N > N.1 = N,
das heißt, N·N ist eine Zahl größer als N. Das geht aber nicht, da ja N schon die größte Zahl war.
Also muß 1 die größte Zahl sein!
Hier stimmt doch etwas nicht
Wenn Du damit nicht einverstanden bist lies weiter nach bei LÖSUNG 1

FRAGE 2: WAS BLEIBT ÜBRIG?

a) Wir starten mit einem Quadrat der Seitenlänge 1

b) Das Quadrat wird in 4 gleichgroße Teilquadrate zerlegt und das rechte obere Teilquadrat wird entfernt

c) Wiederhole Schritt b) für jedes übrigbleibende Teilquadrat

Wie groß ist der Flächeninhalt des Restes?

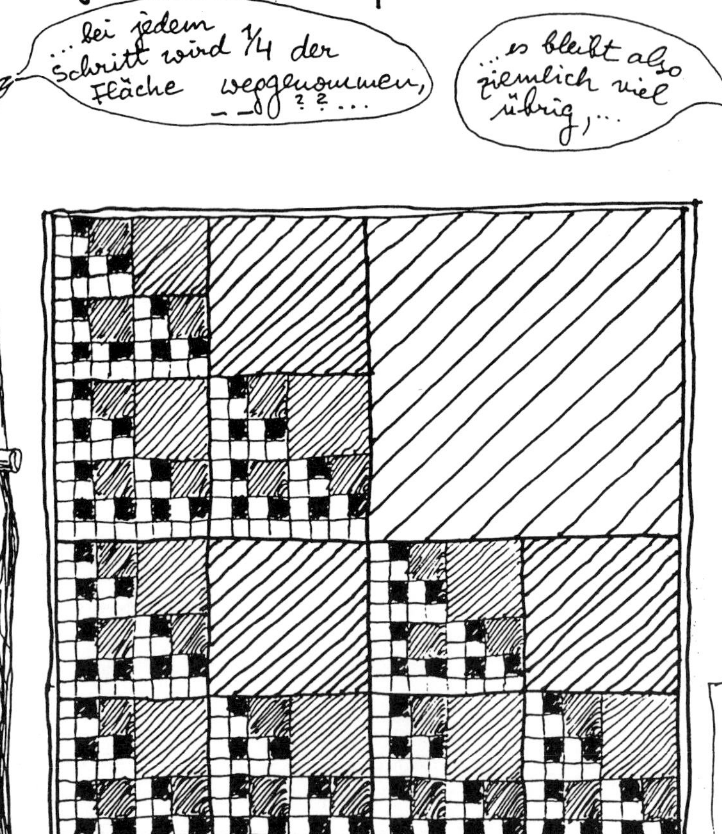

mehr dazu unter LÖSUNG 2

FRAGE 3 ≟ 3 FRAGEN:

?3?3?3?

DOMINO + SCHACH

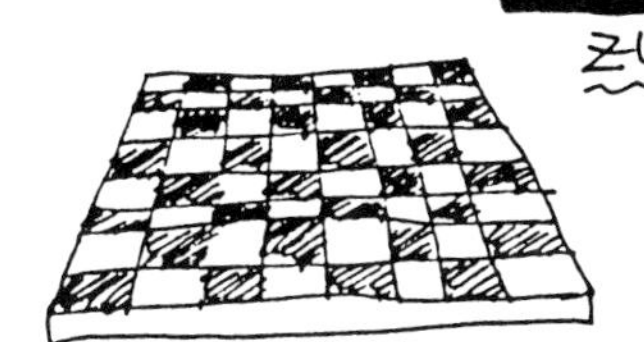

ZUTATEN: 1 Schachbrett + Dominosteine
– jeder Dominostein überdeckt gerade 2 Felder des Schachbretts

REGELN: – alle Dominosteine liegen nebeneinander und überdecken gerade 2 Felder des Schachbretts

ⓐ Wie kann ein Schachbrett mit 32 Dominosteinen überdeckt werden?

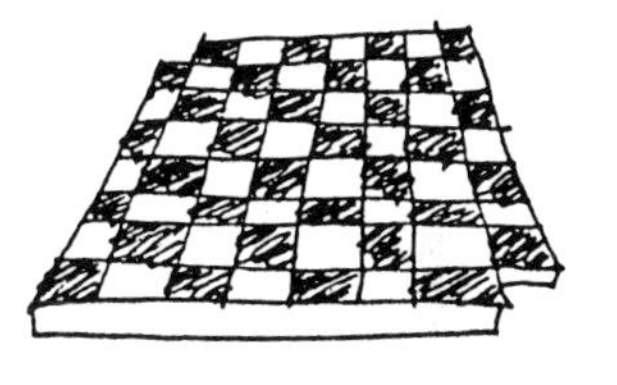

ⓑ Von einem Schachbrett werden zwei diagonal gegenüberliegende Eckfelder entfernt (es bleiben 62 Felder). Wie läßt sich dieses verkleinerte Brett mit 31 Dominosteinen überdecken?

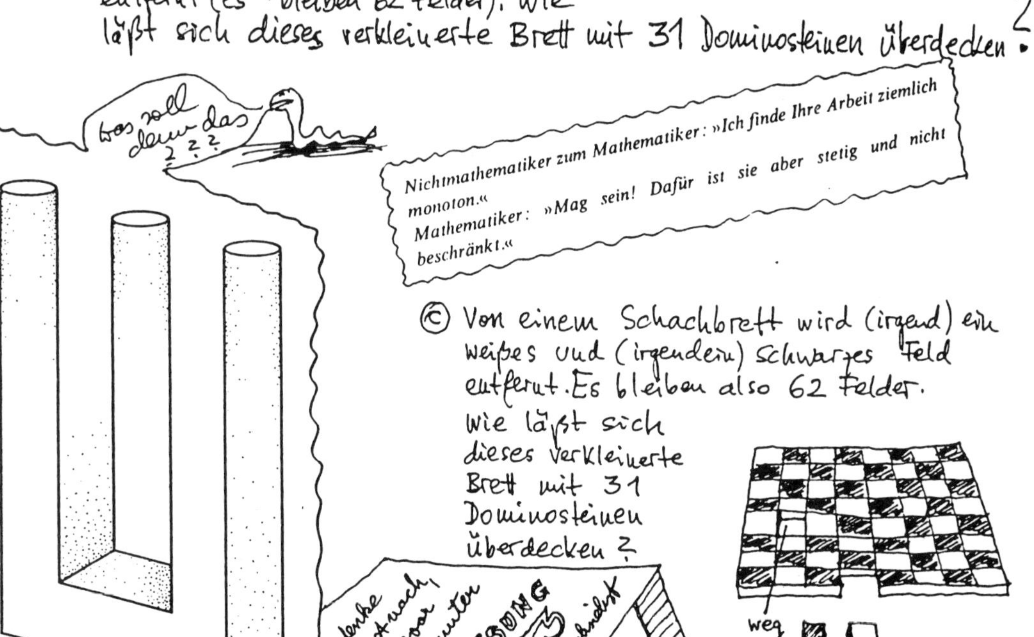

Nichtmathematiker zum Mathematiker: »Ich finde Ihre Arbeit ziemlich monoton.«
Mathematiker: »Mag sein! Dafür ist sie aber stetig und nicht beschränkt.«

ⓒ Von einem Schachbrett wird (irgend) ein weißes und (irgendein) schwarzes Feld entfernt. Es bleiben also 62 Felder. Wie läßt sich dieses verkleinerte Brett mit 31 Dominosteinen überdecken?

EINLEITUNG ENDE – EINLEITU

Was verbindet die

MATHEMATIKER?

kein MATHEMATIKer weiß alles, nicht einmal in seinem Fachgebiet, der MATHEMATIK.
Das, was die MATHEMATIKer miteinander verbindet, ist die Denkweise und die Methode.
Aus einfachen Aussagen, die angenommen werden (=AXIOME), soll möglichst viel abgeleitet werden (= SATZ, LEMMA, THEOREM, ...).
Der MATHEMATIKer möchte möglichst alles beweisen.

Carl Friedrich Gauss hatte nicht viel Sinn für die Musik, im Gegensatz zu seinem Freunde Pfaff (Pfaffsche Formen), der ein großer Musikliebhaber war. Er versuchte Gauss immer wieder vergeblich zu einem Konzertbesuch zu bewegen. Schließlich hatte sein Drängen Erfolg, und beide gingen ins Konzert, um sich die Neunte von Beethoven anzuhören.
Nach dem die Sinfonie geendet hatte und der gewaltige Schlußchor verklungen war, fragte Pfaff seinen Freund Gauss um seine Meinung. Darauf antwortete Gauss:
»Und was ist damit bewiesen?«

EIN (erstes) SPIEL

für zwei Spieler **A** und **B**

- gespielt wird auf einem rechteckigen Spielbrett →

- Spieler **A** beginnt
- Regel: Die Spieler legen abwechselnd (1 Schilling) Münzen auf das Spielbrett; die Münzen müssen nebeneinander liegen
- **SIEGER**: Wer zuletzt ziehen kann

KUSSION — DISKUSSION — DISKUSSION — DISKUSSION — DISKUSSIO

A beginnt und legt die **1.** Münze genau in die MITTE

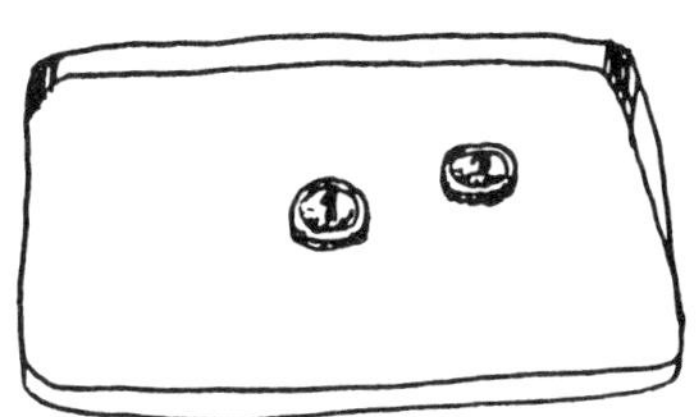

B legt seine Münze irgendwohin

A spielt
⇨ symmetrisch zu **B** weiter
⋮
und gewinnt schließlich
(zu jedem Spielzug von **B** hat **A** noch einen weiteren)

man sagt:

A hat eine **GEWINNSTRATEGIE**
(egal, was B tut, **A** gewinnt mit dieser Vorschrift immer)

entscheidend für dieses Spiel ist

?? auf welchen anderen Spielbrettern ist diese Vorschrift anwendbar ?

?? müssen die Spielsteine (Münzen) unbedingt rund sein ?

ein ZWEITES Spiel

für zwei Spieler A und B

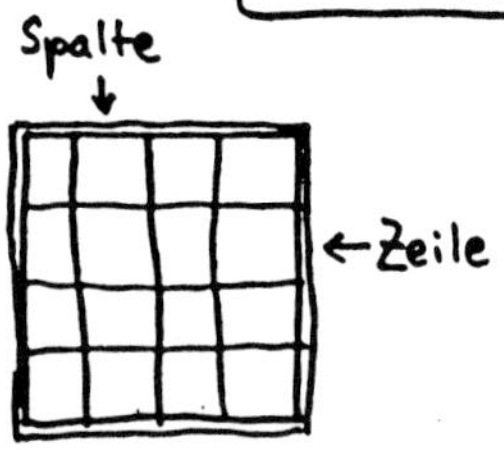

- gespielt wird auf einem 4x4-Brett
- Spieler A beginnt
- Regel: Jeder Spieler wählt eine Zeile oder Spalte und legt auf die dort noch freien Felder einige seiner Steine
- SIEGER: Wer zuletzt ziehen kann

Spalte ↓ ←Zeile

KUSSION – DISKUSSION – DISKUSSION – DISKUSSION – DISKUSSION –

A wählt z.B. Zeile 2 und legt 3 Steine hin

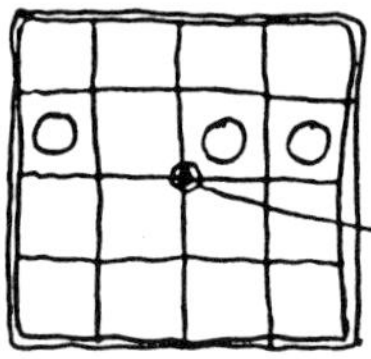

SYMMETRIEZENTRUM S

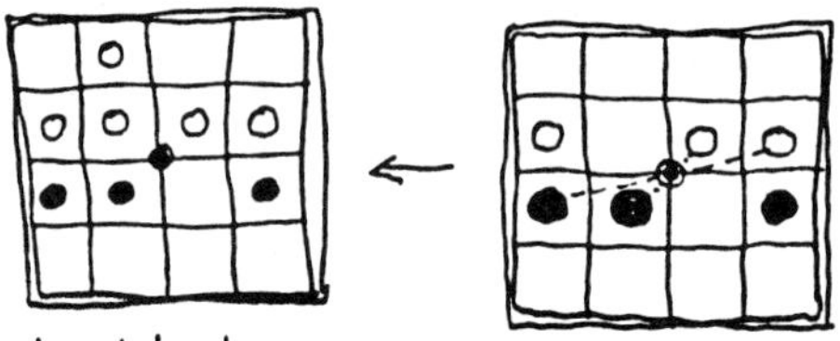

B spielt symmetrisch bezüglich S zu Spieler A

A wählt Spalte 2

B antwortet ↓

und gewinnt schließlich mit dieser Anweisung

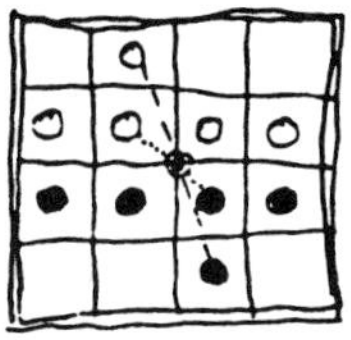

⇒ B hat eine GEWINNSTRATEGIE

Beobachtung: B gewinnt so immer, wenn das Spielfeld ein Symmetriezentrum hat; also auf einem

2x2 4x4 6x6 ... 2n x 2n Spielfeld

es läßt sich zeigen, daß auf einem 3x3 – Spielfeld auch immer B gewinnen kann!

NOCH UNGELÖST bis heute: Welcher Spieler kann dieses SPIEL immer auf einem 5 x 5 – Spielfeld gewinnen?

(Zuschriften und Hinweise dazu sind willkommen)

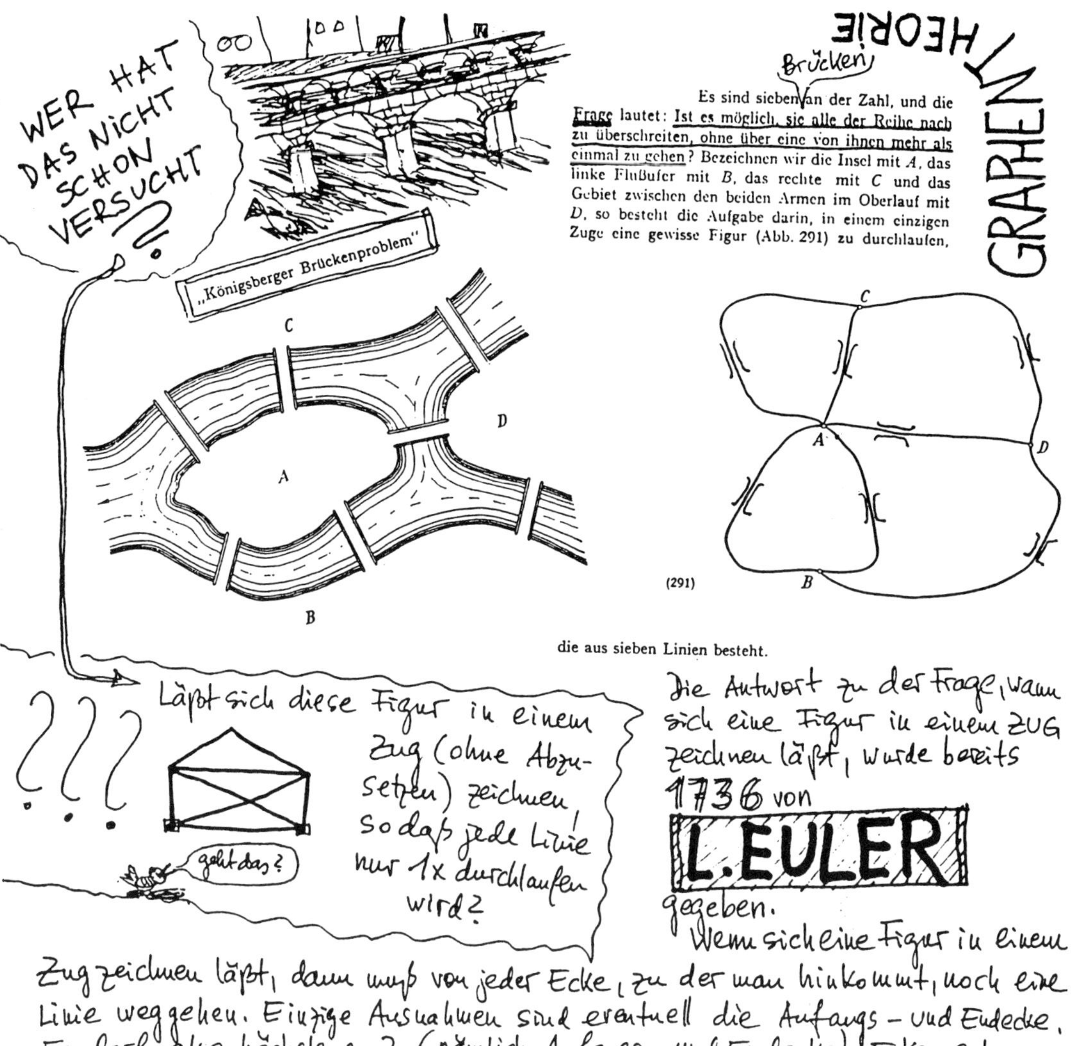

Es sind sieben [Brücken] an der Zahl, und die Frage lautet: Ist es möglich, sie alle der Reihe nach zu überschreiten, ohne über eine von ihnen mehr als einmal zu gehen? Bezeichnen wir die Insel mit *A*, das linke Flußufer mit *B*, das rechte mit *C* und das Gebiet zwischen den beiden Armen im Oberlauf mit *D*, so besteht die Aufgabe darin, in einem einzigen Zuge eine gewisse Figur (Abb. 291) zu durchlaufen, die aus sieben Linien besteht.

Läßt sich diese Figur in einem Zug (ohne Abzusetzen) zeichnen, so daß jede Linie nur 1x durchlaufen wird?

Die Antwort zu der Frage, wann sich eine Figur in einem ZUG zeichnen läßt, wurde bereits 1736 von

L. EULER

gegeben.

Wenn sich eine Figur in einem Zug zeichnen läßt, dann muß von jeder Ecke, zu der man hinkommt, noch eine Linie weggehen. Einzige Ausnahmen sind eventuell die Anfangs- und Endecke. Es darf also höchstens 2 (nämlich Anfangs- und Endecke) Ecken geben, von denen eine ungerade Zahl von Linien weggeht. In allen anderen Ecken muß also die Zahl der Linien, die sich dort treffen, gerade sein.

(= UNIKURSALER GRAPH)

Leonhard Euler

It is hard to imagine how one man could write a hundred books. Still, some men have. But only one man in history has ever composed that much mathematics. Leonhard Euler (1707–1783) was one of the five or six greatest mathematicians of all time. Born near Basel, Switzerland, he spent most of his working life in Berlin and St. Petersburg. His "Euler characteristic," the first discovery ever made in topology, is sometimes taught to bright students in high school; and every calculus book written today is the direct descendant of a treatise which Euler wrote. But other parts of his work are so advanced that even now they are just barely understood. The man who did this work was a devoted family man and a devout Christian. He was genuinely humble and sometimes withdrew his papers to allow younger men to publish first. And it is interesting to note that Euler, like some other great figures in the history of culture, continued working after he went blind.

Das Königsberger Brückenproblem ist unlösbar: Durch A, B, C, D gehen ungerade viele Linien

Das ⊠-problem ist lösbar: Start und Ende in den Ecken ■

JETZT KOMMEN SIE, ZUERST

LÖSUNG 1:

Namen darfst Du nur dann einer Größe geben (und natürlich auch nur dann damit rechnen), wenn es sie wirklich gibt. **Aber es gibt ja keine größte Zahl,** denn ist N irgendeine Zahl, dann ist N+1 sicher größer. Daher darfst Du auch nicht mit der größten Zahl rechnen!!

LÖSUNG 2:

Das ursprüngliche QUADRAT hat Flächeninhalt **1**.
Die Summe der Flächeninhalte der Teilquadrate, die jeweils entfernt werden, ist

$$\frac{1}{4}+\frac{3}{4^2}+\frac{3^2}{4^3}+\dots = \frac{1}{4}\left(1+\frac{3}{4}+\left(\frac{3}{4}\right)^2+\dots\right) \quad \text{geometrische Reihe}$$

$$= \frac{1}{4}\cdot\frac{1}{1-\frac{3}{4}} = 1$$

Also ist der Flächeninhalt des Restes gleich **0**; und trotzdem bleiben **∞** viele Punkte übrig. Welche zum Beispiel?

(Sicher die Punkte am linken bzw. unteren Rand)

① ersetze b) durch

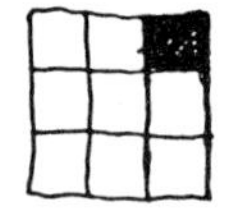

b₁) Das Quadrat wird in **9** gleichgroße Teilquadrate zerlegt und das rechte obere Teilquadrat jeweils entfernt

c) wie früher

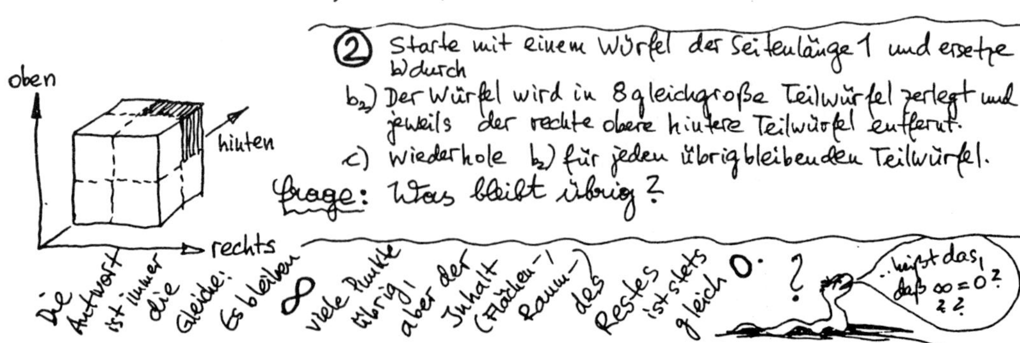

② Starte mit einem Würfel der Seitenlänge 1 und ersetze b) durch

b₂) Der Würfel wird in 8 gleichgroße Teilwürfel zerlegt und jeweils der rechte obere hintere Teilwürfel entfernt.

c) wiederhole b₂) für jeden übrigbleibenden Teilwürfel.

Frage: Was bleibt übrig?

Die Antwort ist immer die Gleiche: Es bleiben ∞ viele Punkte übrig, aber der Inhalt (Flächen-/Raum-) des Restes ist stets gleich 0.

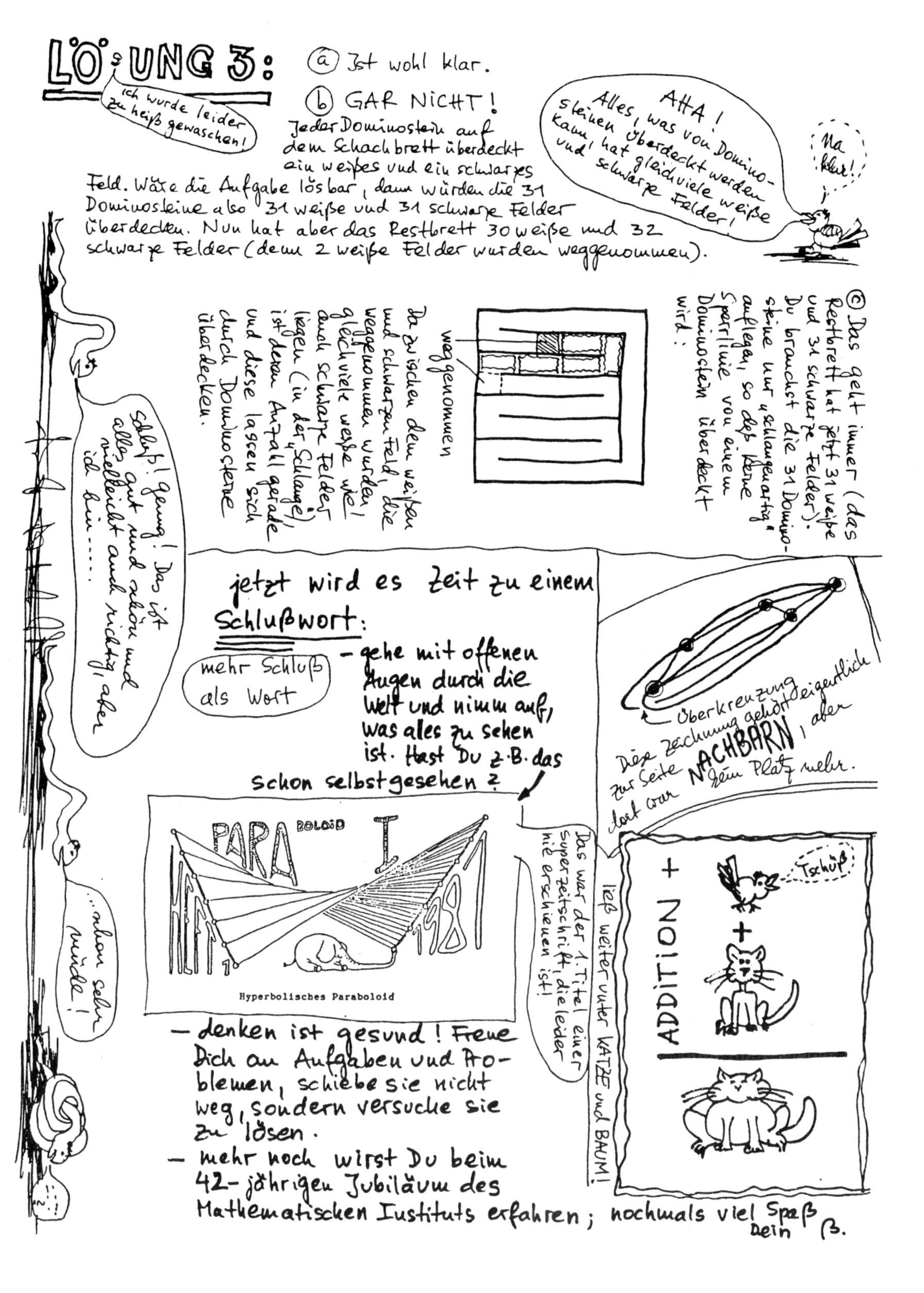
LÖSUNG 3:
ich wurde leider zu heiß gewaschen!
ⓐ Ist wohl klar.
ⓑ GAR NICHT!
Jeder Dominostein auf dem Schachbrett überdeckt ein weißes und ein schwarzes Feld. Wäre die Aufgabe lösbar, dann würden die 31 Dominosteine also 31 weiße und 31 schwarze Felder überdecken. Nun hat aber das Restbrett 30 weiße und 32 schwarze Felder (denn 2 weiße Felder wurden weggenommen).
AHA! Alles, was von Dominosteinen überdeckt werden kann, hat gleichviele weiße und schwarze Felder!
Na klar!
ⓒ Das geht immer (das Restbrett hat jetzt 31 weiße und 31 schwarze Felder). Du brauchst die 31 Dominosteine nur „schlangenartig" auflegen, so daß keine Sperrlinie von einem Dominostein überdeckt wird:
weggenommen
Da zwischen dem weißen und schwarzen Feld, die weggenommen wurden, gleichviele weiße wie auch schwarze Felder liegen (in der „Schlange") ist deren Anzahl gerade und diese lassen sich durch Dominosteine überdecken.
Schluß! Genug! Das ist alles gut und schön und vielleicht auch richtig, aber ich bin .....
jetzt wird es Zeit zu einem Schlußwort:
mehr Schluß als Wort
– gehe mit offenen Augen durch die Welt und nimm auf, was alles zu sehen ist. Hast Du z.B. das schon selbst gesehen?
PARA BOLOID
HEFT 1
1981
Hyperbolisches Paraboloid
Überkreuzung
Diese Zeichnung gehört eigentlich zur Seite NACHBARN, aber dort war kein Platz mehr.
Das war der 1. Titel einer Superzeitschrift, die leider nie erschienen ist!
Ließ weiter unter KATZE und BAUM!
ADDITION +
Tschüß!
...schon sehr müde!
– denken ist gesund! Freue Dich an Aufgaben und Problemen, schiebe sie nicht weg, sondern versuche sie zu lösen.
– mehr noch wirst Du beim 42-jährigen Jubiläum des Mathematischen Instituts erfahren; nochmals viel Spaß
Dein B.

WIE KANN MAN MESSUNGEN VERBESSERN ?

Walter Bauer

1. Einleitung.

In unzähligen Bereichen aus Naturwissenschaft, Medizin, Technik, Wirtschaftswissenschaft, Sprachforschung u.s.w. werden Messungen durchgeführt und vielfältige Daten erhoben. Solche Daten sind fast durchwegs mit Fehlern behaftet, die in der zwangsläufigen Begrenztheit der Genauigkeit der Meßinstrumente oder der Meßmethoden begründet sind. Man ist natürlich daran interessiert, die zugrundeliegenden Gesetzmäßigkeiten zu finden und die überlagerten Fehler herauszufiltern. Dabei spielen verschiedenartige mathematische Verfahren eine zentrale Rolle, die man unter dem Oberbegriff "Ausgleichsrechnung" zusammenfassen kann. Das Spektrum der Fragestellung und auch der Verfahren ist breit. Dazu zählen etwa die klassische lineare Ausgleichsrechnung, die statistischen Methoden der Regression, Korrelation und Varianzanalyse linearer Modelle, die nichtlinearen Modelle mit ihren zugrundeliegenden höherdimensionalen Optimierungsproblemen, das weite Gebiet der Splineinterpolation und Splineapproximation bis hin zu Fragestellungen der Bildverarbeitung und -filterung.

Es ist in vielen Fällen geradezu verblüffend, wie präzise man mit entsprechenden mathematischen Methoden selbst aus scheinbar unzureichenden und stark fehlerbehafteten Daten die zugrundeliegenden Gesetzmäßigkeiten herausschälen kann und damit auch die Möglichkeit von treffsicheren Vorhersagen gewinnt. Der erste schlagende Beweis dafür findet sich gleich an der Wiege der Entwicklung der Ausgleichsrechnung. Carl Friedrich Gauß, einer der besten Mathematiker aller Zeiten, hat als Mathematikstudent in Göttingen im Jahr 1794 eines der Grundprinzipien der klassischen Ausgleichsrechnung, die Methode der kleinsten Quadrate, entwickelt, aber zunächst für sich behalten und nicht veröffentlicht. Als im Jahr 1801 der Kleinstplanet Ceres entdeckt wurde, konnte seine Bahn nur sehr kurz und sehr ungenau beobachtet werden, sodaß er wieder "verlorenging". Aus der großen Schar von Astronomen und Mathematikern, die versuchten, aus den wenigen Daten die Bahn von Ceres zu berechnen, gelang es nur dem jungen Gauß mithilfe seiner früher entwickelten neuartigen Methoden, die Bahn so genau zu berechnen, daß der Planet tatsächlich an der vorausgesagten Stelle wiedergefunden werden konnte. Seither hat die Ausgleichsrechnung eine beachtliche Entwicklung erfahren, besonders durch vielfältige Querverbindungen zu anderen Gebieten der Mathematik. Die Ausgleichsrechnung mit all ihren Varianten bildet auch eine Grundlage für ein eigenes Fachgebiet, die Geodäsie.

Anhand einiger einfacher Beispiele sollen typische Fragestellungen der Datenbehandlung mittels Ausgleichsrechnung erörtert und die dabei auftretenden Probleme und Querverbindungen zu anderen mathematischen Gebieten kurz beleuchtet werden.

2. Regression.

Der primitivste Fall tritt auf, wenn man durch eine "Wolke" von gemessenen Punkten mit x-y-Koordinaten eine bestpassende Gerade zu legen hat - Geradenausgleich. Dabei soll etwa als Zielfunktion die Summe der Quadrate der in y-Richtung gemessenen

Abstände der Datenpunkte von der Ausgleichsgeraden (Regressionsgeraden) y = a + b.x minimal werden. Ein Grund für die Verwendung von Abstandsquadraten anstelle der y-Differenzen besteht darin, daß sich ja positive und negative Abweichungen nicht kompensieren sollen. Ein anderer Grund liegt schlicht darin, daß dieses Optimierungsproblem für die unbekannten Regressionsparameter a,b wegen der Differenzierbarkeit der Zielfunktion sofort mit den üblichen Methoden der Analysis in geschlossener Form und in einem Schritt gelöst werden kann.

Dagegen ist das analoge Problem mit der Summe der Absolutbeträge der Differenzen der y-Werte als zu minimierende Zielfunktion nicht mehr so einfach zu lösen, da es nichtlinear wird und obendrein die Suche nach dem Minimum nicht mehr einfach mithilfe von partiellen Ableitungen und den aus ihnen resultierenden Gleichungen gefunden werden kann. Ganz ähnlich verhält es sich mit dem Problem der interdependenten Regressionsanalyse, bei dem die Summe der Quadrate der orthogonalen Abstände der Datenpunkte zur gesuchten Geraden minimiert werden soll. Zur Lösung muß man Iterationsverfahren verwenden, bei denen man sich schrittweise an die Lösung heranarbeitet. Die Numerische Mathematik, ein in neuester Zeit sehr weit ausgebautes Teilgebiet der Mathematik, stellt dazu eine Reihe von möglichen Verfahren zur Verfügung. Bei solchen Iterationsverfahren kann es nun zu ganz neuartigen Phänomenen kommen, die bei den vorher erwähnten Fällen der in einem Schritt explizit berechenbaren Lösung nicht auftreten. Die Iteration kann unter Umständen nicht konvergieren, wobei sie etwa nach Unendlich laufen kann oder auch zu oszillieren beginnen kann. Welche Fälle nun exakt unter welchen Bedingungen eintreten können, ist bei den vorher erwähnten, nichtlinearen Regressionen derzeit noch nicht genügend untersucht, sodaß man auf numerische Experimente angewiesen ist.

Eine Reihe von nichtlinearen Problemen kann man durch Übergang zu mehr Variablen linearisieren und damit in einem Schritt lösen. So etwa das Problem, durch eine Punktwolke eine bestpassende Parabel der Form

$$y = a + b.x + c.x^2$$

zu legen. Man braucht dazu nur anstelle einer unabhängigen Variablen x deren zwei, nämlich $x_1 = x$ und $x_2 = x^2$ einzuführen, wodurch man ein lineares Problem mit zwei unabhängigen Variablen erhält.

In vielen Fällen kann man die angesetzte Ausgleichsfunktion nicht linearisieren. Als Beispiel soll eine Untersuchung über den zeitlichen Verlauf von Blutserumwerten (Cholesterin- und Lipoproteinfraktionen) während einer bestimmten Diät angeführt werden. Die zugrundeliegenden chemischen Prozesse werden durch Differentialgleichungen bestimmten Typs beschrieben, deren Lösungen die Form einer Überlagerung gedämpfter Schwingungen haben. Daher wird ein solcher Kurventyp als Ausgleichsfunktion verwendet, wobei allerdings noch eine Reihe von Parametern (Koeffizienten) den Daten anzupassen sind. Dabei wird der schwingungsunabhängige Term, die Amplituden, die Dämpfungsparameter im exponentiellen Term, die Schwingungsfrequenzen und die Phasenverschiebungen der Schwingungen jeweils als Funktionen des Patientenalters und Anfangswertes angesetzt. Dies ergibt folgenden nichtlinearen Ansatz mit 18 anzupassenden Parametern:

$$y = c_1 + c_2 . \exp(c_3 . t) + (c_7 \cos(c_5 . t) + c_6 \sin(c_5 . t)) . \exp(c_4 . t)$$

Dabei wird c_7 durch den Anfangswert Y bei $t = 0$ und andere Parameter folgendermaßen festgelegt: $c_7 = Y - c_1 - c_2$.

Die Koeffizienten c werden ihrerseits als lineare Funktionen von Alter A und Anfangswert Y angesetzt:

$$c_1 = p_1 + p_2 . A + p_3 . Y \ , \quad c_2 = p_4 + p_5 . A + p_6 . Y \ , \ldots \ , \quad c_6 = p_{16} + p_{17} . A + p_{18} . Y$$

Es ist somit im 18-dimensionalen Raum der Parameter ein solcher Punkt zu suchen, für den die Zielfunktion minimal wird. Wenn die Zielfunktion entsprechende Differenzierbarkeitseigenschaften hat wie hier, dann kann man eine Reihe von sehr effizienten Verfahren anwenden, wie etwa Gradientenmethoden. Die Vorgangsweise kann man sich am besten anhand eines einfachen Falls mit zwei Parametern klarmachen. Ein Paar a,b von Parameterwerten stellt einen Punkt in der Ebene dar und jedem solchen Punkt wird nun als 3. Koordinate (Höhe über dem Punkt) der zugehörige Wert der Zielfunktion zugeordnet. Dabei entsteht eine Fläche im dreidimensionalen Raum, die in der Regel nach unten durchhängt. Man sucht nun den Punkt in der Parameterebene, über dem der tiefste Punkt der Fläche liegt. Von einer Anfangsstellung ausgehend sucht man nun diejenige Richtung im Parameterraum, in der sich die Zielfunktion am stärksten verkleinert, man geht also in die Richtung des stärksten Gefälles der Fläche der Zielfunktion. In diese Richtung bewegt man sich nun eine bestimmte Distanz, um zu einer neuen Ausgangsposition für den nächsten Schritt dieses Iterationsverfahrens zu kommen.

Das beschriebene Iterationsverfahren konvergiert zumindest zum nächstgelegenen lokalen Minimum. Es kann nun aber der Fall eintreten, daß dieses lokale Minimum kein globales ist. Im anschaulichen Beispiel von zwei Parametern würde dies dann auftreten, wenn die gebirgsartige Fläche der Zielfunktion mehrere muldenartige Senken aufweist, die verschieden tief reichen. Um zu verhindern, daß man mit dem obigen Verfahren in einem solchen Nebenminimum "hängenbleibt", braucht man noch ganz andersartige Methoden. Dazu gehören verschiedene Suchverfahren und auch Verfahren, die auf der Verwendung gleichverteilter Folgen im Parameterraum beruhen (zur Gleichverteilung von Folgen siehe andere Beiträge in dieser Broschüre!). Problematisch dabei ist die Tatsache, daß der Rechenaufwand mit der Dimensionszahl (Anzahl der zu bestimmenden Parameter) sehr stark ansteigt. Die Entwicklung von hochdimensionalen Optimierungsverfahren ist ein wichtiges Forschungsthema in jüngster Zeit mit vielen Anwendungsmöglichkeiten.

Als Beispiel zu den kurz besprochenen Methoden sollen noch einige typische Ergebnisse der angeführten Studie über Blutserumwerte graphisch dargestellt werden.

Bild 1 zeigt den zeitlichen Verlauf (Monate) der Cholesterinwerte bei verschieden hohen Ausgangswerten gemäß den errechneten Formeln (strichlierte Kurven). Zusätzlich sind die Mittelwerte für jeweils eine Gruppe von Patienten eingetragen. Die einzelnen Werte der Patienten und auch noch die Mittelwerte einer Gruppe streuen sehr stark, besonders natürlich, wenn die Gruppe kleiner wird. Die eingetragenen Mittelwerte spiegeln nur sehr grob die tatsächlichen Verhältnisse, da ja Patienten mit etwas verschiedenem Alter, mit etwas verschiedenen Anfangswerten und auch zu etwas verschiedenen (aber jeweils näherungsweise passenden) Zeiten zur Mittelwertbildung herangezogen werden mußten.

Bild 1 :

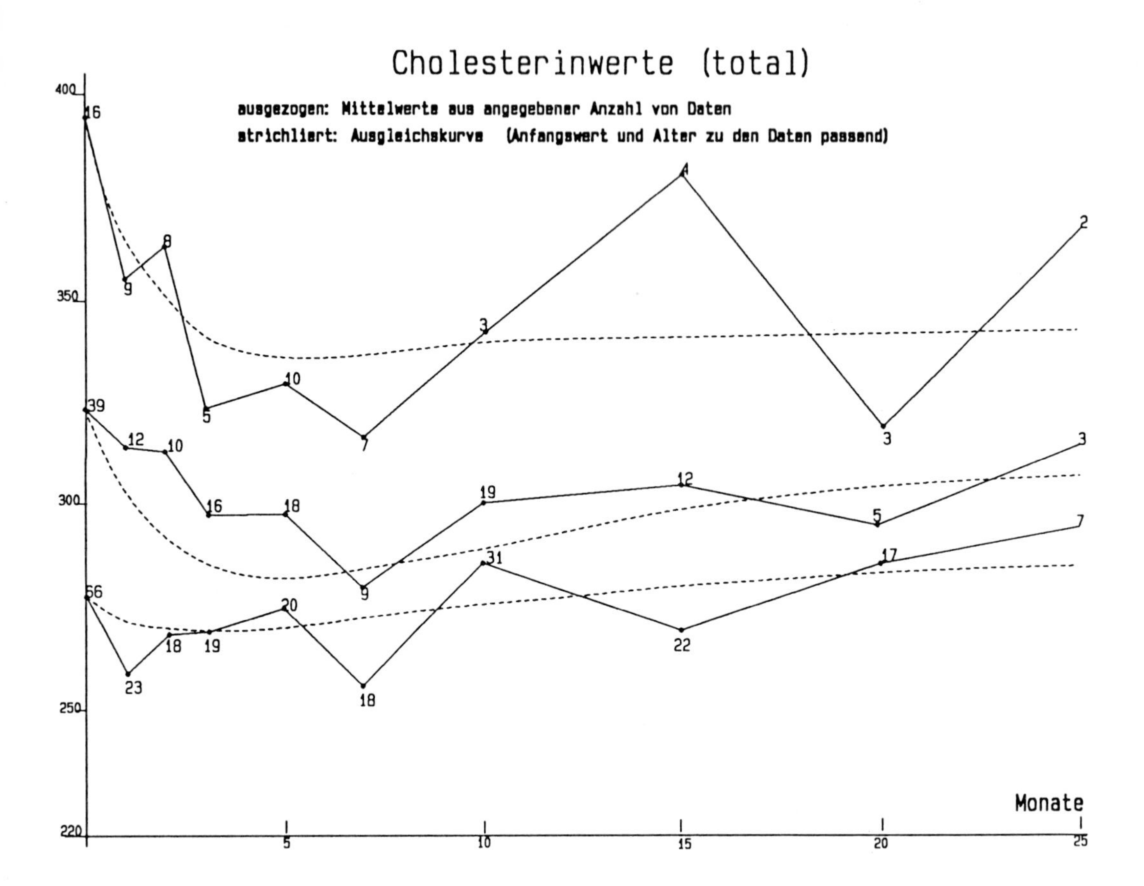

Bild 2 zeigt den errechneten zeitlichen Verlauf (Skala mit Wocheneinteilung) der drei Lipoproteinfraktionen (alpha, beta, prae-beta) und der Gesamtwerte jeweils für die Altersstufe von 40 und 60 Jahren. Zusätzlich sind bei den Gesamtwerten noch die 90statistische Genauigkeit ("Schwankungsbreite") der Resultate geben. Deutlich ist die flexiblere Reaktion von 40-jährigen gegenüber 60-jährigen zu erkennen.

Bild 2 :

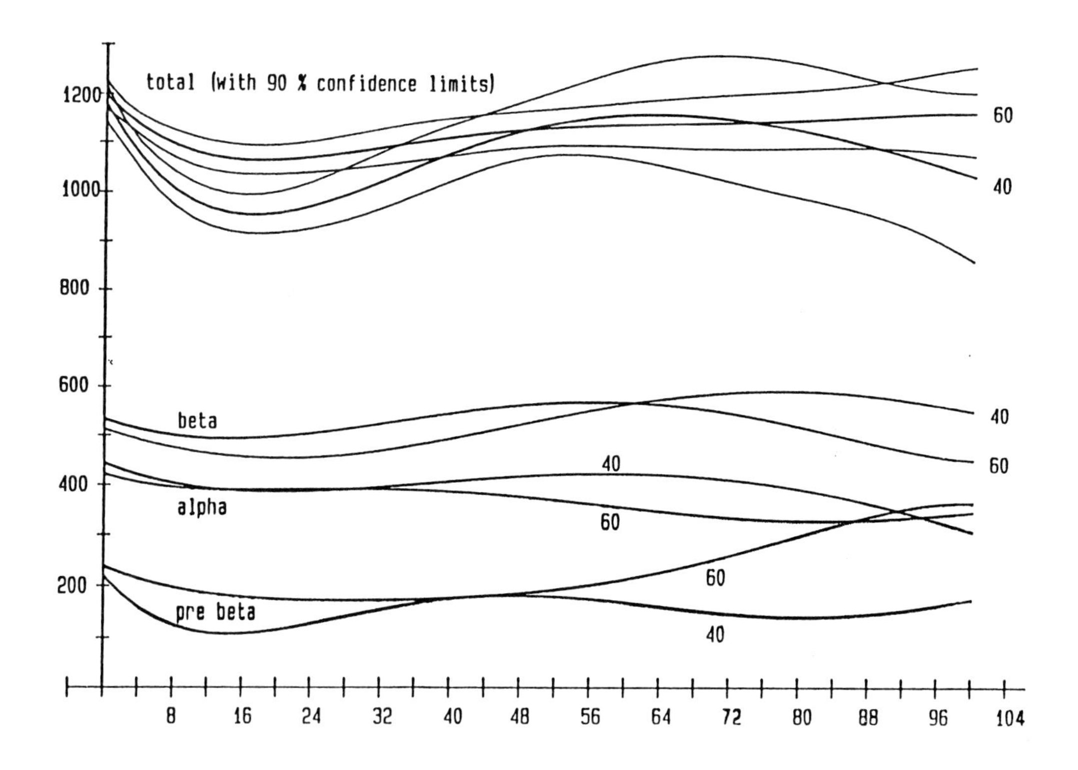

Bild 3 zeigt den zeitlichen Verlauf der Lipoproteinfraktionen und der Gesamtwerte für 50-jährige Patienten im Vergleich von Frauen und Männern. Deutlich sind wesentliche Unterschiede in den Reaktionen zu erkennen.

Bild 3 :

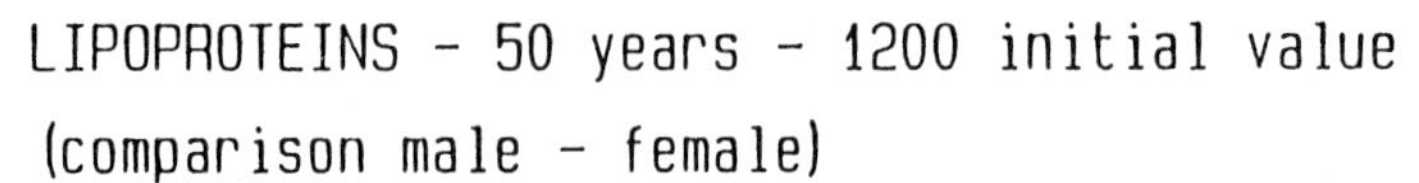

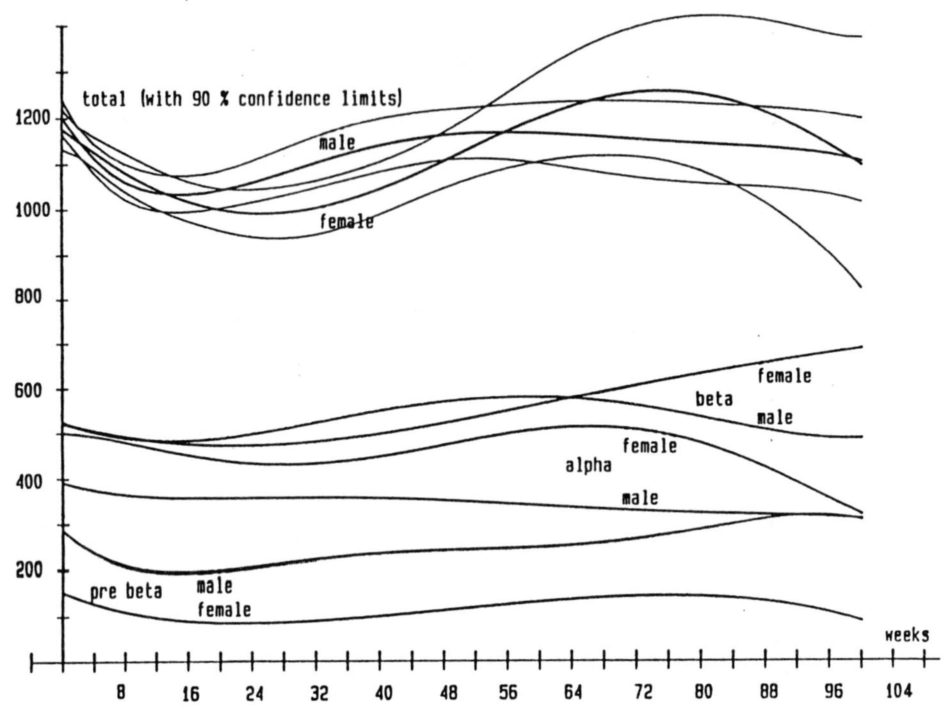

3. Bedingte Ausgleichung.

In vielen Fällen unterliegen die auszugleichenden Werte gewissen Nebenbedingungen, man spricht dann von bedingtem Ausgleich. Dabei treten die Zwangsbedingungen recht häufig in nichtlinearer Form auf. Dann läßt sich die Lösung leider nicht mehr in einem Schritt bestimmen wie im linearen Fall, sondern man muß auch hier auf Iterationsverfahren zurückgreifen, die aber hier anders geartet sind als bei der früher beschriebenen Situation.

Als Beispiel dazu sollen die Möglichkeiten der Ausgleichsoperationen in dem am Mathematischen Institut in Salzburg entwickelten CAD-Programmsystems MEMOPLOT kurz besprochen werden (für CAD generell siehe einen anderen Artikel in dieser Broschüre).

In Geodäsie und Kartographie werden häufig graphische Informationen in digitalisierter Form in den Computer eingespeist, sei es durch Abtasten der Strecken und Linien von einer Landkarte oder durch Übernahme der Konturen aus Luftbildauswertungen. Diese Daten sind in der Regel ungenau und mit Fehlern behaftet. Zusätzlich stehen aber Informationen für die nachträgliche Korrektur zur Verfügung, wie etwa, daß die Grundrißkonturen von Häusern normalerweise rechte Winkel haben, daß Straßenbegrenzungen parallel laufen und in weiten Bereichen geradlinig sind, daß gewisse Haus- und Grundstückskanten bekannte Längen haben müssen, u.s.w.

Für die anzubringenden Verbesserungen der x-y-Koordinaten der in die Ausgleichung eingehenden Punkte werden die verschiedenartigen Zwangsbedingungen formuliert. Da sie in der Regel nichtlinear sind, werden sie linearisiert. Für das linearisierte Problem werden nun die Normalgleichungen für einen Hilfsvektor, den Korrelatenvektor, aufgestellt. Zur Lösung der Normalgleichungen muß man numerisch stabile Methoden verwenden. Dabei kommt einem zugute, daß die Koeffizientenmatrix des Normalgleichungssystems aufgrund ihrer Bauart symmetrisch und positiv definit sein muß. Das ermöglicht es, spezielle, numerisch besonders stabile Algorithmen zur Dreieckszerlegung dieser Matrix einzusetzen. In MEMOPLOT wurde der Cholesky-Algorithmus eingebaut. Mithilfe der Matrixzerlegung können die Normalgleichungen gelöst werden und damit können in einem weiteren Schritt auch die Korrekturen der x-y-Koordinaten der auszugleichenden Punkte berechnet werden.

Wegen der Nichtlinearität des Problems muß man ein Iterationsverfahren verwenden, d.h. man wendet den oben beschriebenen Schritt mehrfach jeweils auf die verbesserten Punkte an, solange bis eine vorgeschriebene Genauigkeit erreicht ist.

Nach allen bisher geschilderten Erfahrungen wäre es verwunderlich, wenn nicht auch hier Probleme und Tücken lauerten. Tatsächlich ist ein wesentliches Hemmnis der starke Anstieg der Zahl der Rechenschritte und damit verbunden der Rechenzeit bei Steigerung der Zahl der Zwangsbedingungen. Der Rechenaufwand bei der Aufstellung der Matrix der Normalgleichungen (Matrizenprodukt einer Matrix mit ihrer Transponierten) wächst ebenso wie bei der Matrizeninversion mithilfe der Cholesky-Zerlegung etwa proportional zur dritten Potenz der Zahl der Zwangsbedingungen (dabei ist die Cholesky-Zerlegung im Vergleich zu anderen Matrizen-Dreieckszerlegungen oder gar direkten Inversionsverfahren noch etwas weniger rechenintensiv und obendrein gerade für die bei Ausgleichsaufgaben auftretenden Fälle besonders numerisch stabil). Da nun aber für je drei aufeinanderfolgende Punkte beim Geraden- und Orthogonalitätsausgleich ebenso wie für eine Parallelitätsbedingung oder eine Abstandsbedingung eine Zwangsbedingung generiert wird, kann man grob annehmen, daß die Zahl der Zwangsbedingungen etwa proportional zur Zahl der involvierten Punkte wächst. Also bedeutet eine Verdoppelung der in den Ausgleich involvierten Punkte etwa einen 8-fach größeren Rechen- und Zeitaufwand, 4-fache Punktezahl bedeutet etwa 64-fache Rechenzeit.

Zur Veranschaulichung kann als Bild 4 das folgende Beispiel einer Ausgleichung einer Rohzeichnung aus 27 Punkten dienen. Dabei wurden verschiedenartige Zwangsbedingungen angegeben, wie etwa Geradheitsbedingungen, Orthogonalitätsbedingungen, Parallelitätsbedingungen, Vorgaben von Distanzen zwischen Punkt und Strecke und von Abständen zweier Punkte. Dieses Beispiel braucht zur Durchrechnung auf einem leistungsfähigen 32-bit-Mikrocomputer ca. eine Sekunde. Bei 4-facher Punktezahl (etwa bei einem Ausgleich eines Kartenausschnittes mit verdoppelten Kantenlängen) kommt man mit der Rechenzeit in den Minutenbereich und bei nochmaliger Vervierfachung (also etwa bei einem Kartenausschnitt mit vierfacher Kantenlänge) kommt man bereits in den Stundenbereich!

Bild 4 :

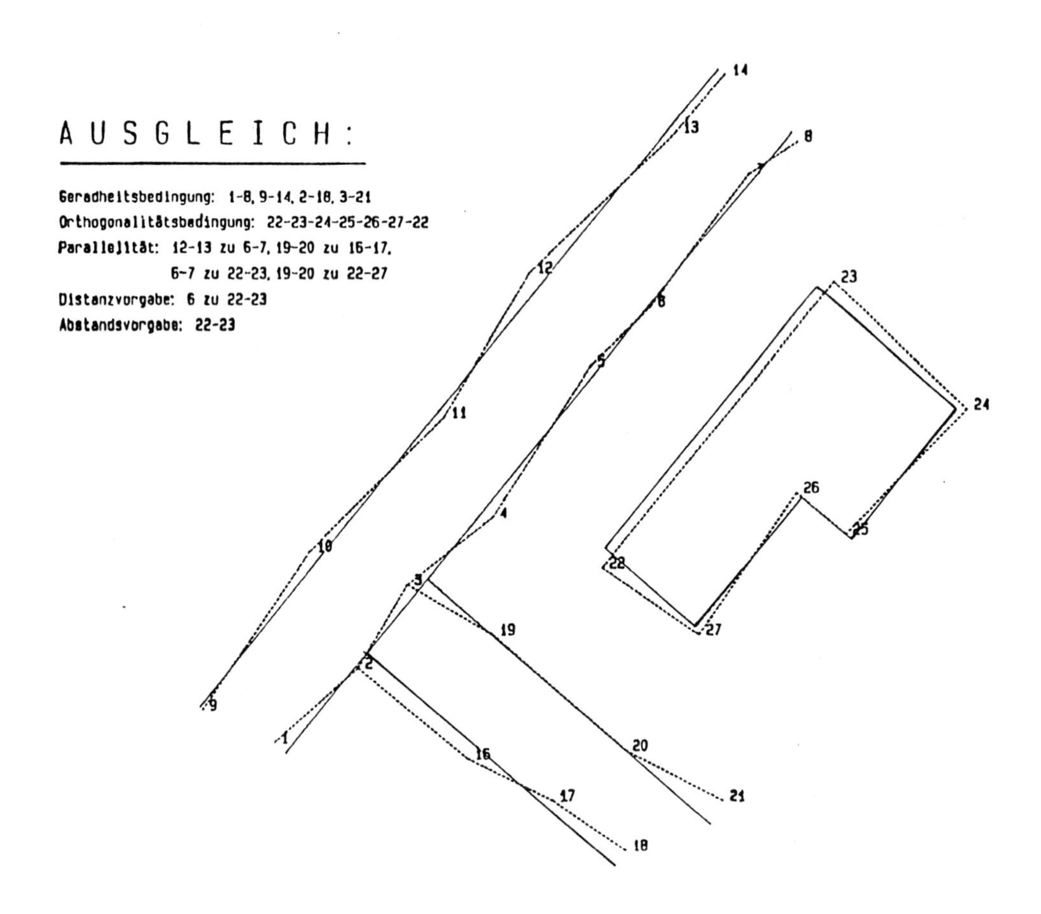

Man mag vielleicht einwenden, daß man doch den Ausgleich portionsweise in mehreren Einzelschritten vornehmen könnte, indem man die jeweils bereits ausgeglichenen Punkte nach einem Zwischenschritt als später nicht mehr zu verschiebende

Fixpunkte deklariert. Anhand des Beispiels von Bild 4 könnte man etwa als ersten Schritt die Punkte der "Hauptstraße" mittels Geradheitsbedingungen und Parallelität ausgleichen. In einem zweiten Schritt könnte man etwa die Strecke 22-23 als Parallele zu 6-7 mitsamt vorgeschriebener Länge ausgleichen, dann etwa den Rest des Streckenzuges 23-24-25-26-27-22 mittels Orthogonalitätsausgleich ankoppeln, u.s.w. Dadurch könnte man das Problem der stark wachsenden Rechenzeiten vermeiden und könnte auch das Programm einfacher gestalten. So wird auch tatsächlich sehr häufig vorgegangen. Mathematisch gesehen ist das aber unzulässig, da alle Punkte, die über Zwangsbedingungen aneinander gekoppelt sind, sich auch gegenseitig beeinflussen. So koppelt etwa im Beispiel von Bild 4 die Parallelitätsbedingung von 6-7 zu 22-23 alle Punkte der "Hauptstraße" an diese Strecke und über die Orthogonalitätsbedingungen auch an alle Punkte des Hausgrundrisses und durch die weiteren Zwangsbedingungen an alle Punkte der "Seitenstraße", also ist jeder Punkt an jeden anderen gekoppelt und es beeinflußt daher jeder Punkt jeden anderen, was aber bei der vorstehenden schrittweisen Berechnungsmethode nicht berücksichtigt wird. In gewissen Fällen werden aber manche Kopplungen so schwach sein, daß sie vernachlässigt werden könne, etwa wenn nur ein einziger Hausgrundriß mittels Parallelität an sehr viele Punkte einer Straße gekoppelt ist. In solchen Fällen ist näherungsweise der schrittweise Ausgleich gerechtfertigt und bei sehr vielen Punkten wird man auch aus Rechenzeit- und Kapazitätsgründen so verfahren müssen.

Ein weiteres Problem tritt dann auf, wenn der Benutzer redundante Zwangsbedingungen angibt, also Bedingungen, die sich bereits aus den restlichen ableiten lassen. dazu zählen etwa irrtümliche Doppelangaben oder leicht erkennbare Redundanzen, wie etwa die Angabe von 4 Orthogonalitätsbedingungen für die Ecken eines Rechteckes. Öfter sind eventuelle Redundanzen aber auch versteckt. So wäre etwa im folgenden Bild 4 die Angabe eines rechten Winkels für die Punktefolge 1-2-16 redundant, da dies aus den Geradheitsbedingungen für 1-8, der Parallelität von 6-7 zu 22-23, der Orthogonalität des Streckenzuges 22-..-27-22, der Geradheitsbedingungen für 3-19-20-21 und 2-16-17-18 und den Parallelitäten 19-22 zu 22-27 und 19-20 zu 16-17 bereits folgt! Mathematisch drücken sich redundante Zwangsbedingungen durch eine am Ort der exakten Lösung singuläre und somit auch nurmehr positiv-semidefinite Matrix der Normalgleichungen aus. Je näher man im Laufe der Iterationsschritte an die Lösung kommt, umso "bösartiger" in numerischer Hinsicht wird die Inversion mittels Cholesky-Zerlegung. Dabei können Divergenzen, enorme Verstärkung von Rundungsfehlern (Auslöschung führender Ziffern bei Differenzen im Nenner) und auch Oszillationen auftreten, wie es eben bei fastsingulären Situationen oft vorkommt. Im Programmpaket MEMOPLOT sind daher für den Fall des Auftretens von Singularitäten umfangreiche Vorkehrungen getroffen um die betreffende Zwangsbedingung ausfindig zu machen, die betreffenden Punkte zu ermitteln und diese Bedingung mitsamt denjenigen Punkten zu eliminieren, die nicht auch in anderen Bedingungen verwendet werden. Dann erfolgt eine Umstrukturierung verschiedener Vektoren, Pointertabellen und Matrizen, damit die bereinigte Aufgabe automatisch neu berechnet werden kann. Das kann auch mehrere redundante Bedingungen betreffen.

Eine andere Ursache für Singularität sind widersprüchliche Zwangsbedingungen, die ähnlich den redundanten irrtümlich oder auch versteckt in die Angaben gerutscht sein können. Intuitiv ist leicht verständlich, daß ein derartiger Fall numerisch noch "bösartiger" sein kann als bei redundanten Bedingungen. Divergenzen oder Oszillationen stellen sich hier zwangsläufig ein und müssen vom Programm abgefangen werden.

Nach dem bisher Gesagten ist es einleuchtend, daß das Management aller verschiedenartigen Zuordnungen von Variablen, Punkten, Zwangsbedingungen, Matrizen, Zwischenlösungen, Pointertabellen u.s.w. einen beträchtlichen Umfang annimmt.

4. Splines.

Ein großer Themenkreis im Zusammenhang mit Ausgleichsrechnung betrifft die Interpolation und Approximation mithilfe von Splines. Das sind Kurven und Flächen mit einer vorgegebenen Glattheitsstruktur. Bei der Interpolation müssen die Kurven (Flächen) durch vorgegebene Punkte gehen, während sie sich bei der Approximation den vorgegebenen Punkten nur mehr oder weniger nähern müssen.

Der Name stammt von den biegsamen Spline-Linealen, die früher bei der Konstruktion von Schiffsrümpfen verwendet wurden. Natürlich kann man durch vorgegebene Punkte ein Interpolationspolynom legen, wenn man nur den Grad des Polynoms genügend groß macht. Solche Polynome sind aber in der Regel sehr wellig. Man möchte aber gerade Kurven mit möglichst geringer Krümmung. Man nimmt daher lieber Polynome mit kleinem Grad und stückelt sie möglichst glatt zusammen, sodaß die entstehende Kurve an den Stützstellen (bei Interpolation die vorgegebenen Punkte) stetig ist und sogar je nach dem Grad der Polynome auch stetige Ableitungen entsprechend hoher Ordnung hat. Bei kubischen Splines (aus Polynomen dritten Grades zusammengesetzt) kann man die Stetigkeit der ersten und zweiten Ableitungen verlangen. Ein besonders einfacher Spezialfall liegt bei äquidistanten Stützstellen vor. Im Fall dieser kubischen Splines kann man die Koeffizienten der Polynome aus einem Gleichungssystem berechnen, das eine tridiagolnale Koeffizientenmatrix hat, wobei also die Hauptdiagonale (links oben nach rechts unten) und die beiden darüber und darunter liegenden Nebendiagonalen mit Elementen ungleich Null besetzt sein können. Der Rest der Matrix besteht aus Nullen. Zur Lösung von Gleichungssystemen mit einer Bandmatrix, wie sie hier auftritt, gibt es sehr effiziente Verfahren, die auch mit wenig Speicher- und Rechenaufwand verbunden sind. Bei Kurven in der Ebene oder im Raum rechnet man für eine Parameterdarstellung jeder Koordinate als Funktion eines Parameters t (etwa die Bogenlänge zwischen den zu verbindenden Punkten gemessen entlang eines Streckenzuges) einen Spline aus. Dabei stellt sich heraus, daß in den Gleichungssystemen die gleiche Bandmatrix mit verschiedenen rechten Seiten auftritt. Daher kann man durch geeignete Zerlegungsalgorithmen für die Bandmatrix eine sehr effiziente Lösung erreichen, bei der ein Hauptteil der Arbeit nur einmal statt für jede Koordinate extra durchgeführt werden muß. Im Fall von zyklisch geschlossenen, interpolierenden kubischen Splines treten zyklisch-tridiagonale Matrizen auf, die ähnlich behandelt werden können.

Wesentlich schwieriger wird der Fall der Approximation durch Splines, wenn man die Minimierung des Integrals über die Krümmumg der Kurve analog zu einer bekannten Extremaleigenschaft der interpolierenden Splines vorschreibt. Man stößt hier auf nichtlineare, hochdimensionale Optimierungsaufgaben, die ja, wie wir bereits mehrfach gesehen haben, große Probleme aufwerfen. Häufig braucht man aber garnicht diese Lösung, sondern man möchte die Güte der Approximation durch einen Parameter selbst steuern können. Dafür gibt es nun einen trickreichen Ansatz, durch den man zu approximierenden Splines mithilfe eines linearen Verfahrens kommt. Allerdings wird das bei den approximierenden Splines wesentlich aufwendiger als bei den interpolierenden Splines.

Mit dem Programmpaket MEMOPLOT wurden die im Bild 5 gezeigten interpolierenden und approximierenden Splines gezeichnet. Die approximierenden Splines wurden für zwei verschiedene Approximationsparameter berechnet.

Bild 5 :

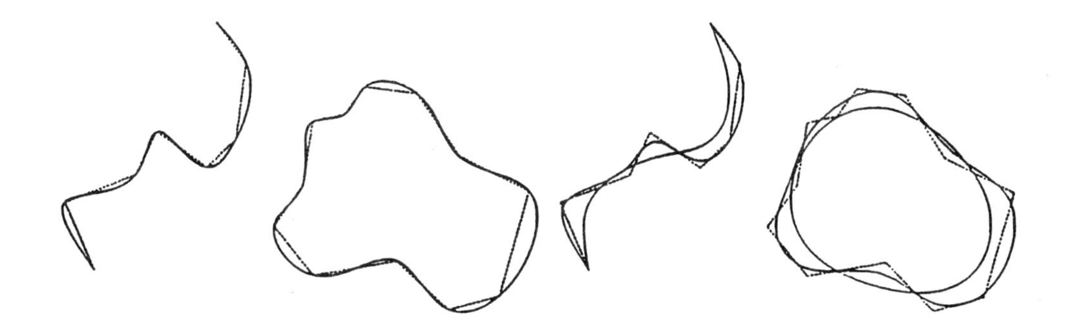

5. Ausblick.

Dieser kurze Blick auf einige wenige Themen der Ausgleichsrechnung kann verschiedene Aspekte zeigen. Zunächst sieht man, daß die Mathematik für Anwendungen sehr wirkungsvolle Hilfsmittel bereitstellen kann. Dadurch ist es in zahlreichen Wissenschaften erst möglich, aus einer Fülle von (oft) unüberblickbaren und fehlerbehafteten Daten die wesentlichen, dahintersteckenden Gesetzmäßigkeiten herauszuschälen. Das gelingt häufig mit geradezu verblüffender Präzision. Weiters kann man sehen, daß es etwas abseits vom einfachsten Fall oft des Einsatzes von Methoden aus einer Reihe von anderen Teilgebieten der Mathematik bedarf, um die dabei auftretenden Probleme zu beherrschen. Gerade diese vielfältigen Querverbindungen machen die Mathematik aber erst besonders reizvoll. Wie sooft zeigt sich auch anhand der Ausgleichsrechnung, daß die Mathematik nicht nur anderen Wissenschaften durch Bereitstellung von Rechenverfahren helfen kann, sondern daß auch umgekehrt durch Fragestellungen von "außen" interessante und neue mathematische Themen angeregt und erschlossen werden. Mathematik wirkt nach außen also nicht nur in banalen Rechenrezepten und sie verschließt sich auch den Anregungen von außen nicht. Mathematik im "Elfenbeinernen Turm" ist Fiktion!

KANN ES IN DER LOGIK NOCH ETWAS NEUES GEBEN?

J. Czermak

Immanuel Kant hat schon 1787 die Ansicht vertreten, daß die Logik seit Aristoteles „keinen Schritt vorwärts hat tun können, und also allem Anschein nach geschlossen und vollendet zu sein scheint."

Hier irrte Kant - zum Glück für die *Abteilung für Logik und mathematische Grundlagenforschung* an unserem Institut, denn die Logik ist eine lebendige, ständig wachsende und sich weiter entwickelnde Wissenschaft, die schon vor Jahrzehnten - zum Pech für diese sehr kleine Abteilung - einen, von einem einzelnen bei weitem nicht mehr überblickbaren Umfang erreicht hat, mit vielfältigen Querverbindungen zu anderen Wissenschaften. Kein Wunder also, wenn an unserem Institut nur einige spezielle Probleme auf einem Teilgebiet, das selbst schon unüberschaubar geworden ist, bearbeitet werden. Ziel der folgenden Ausführungen ist es, auch dem Nichtfachmann einen kleinen Eindruck von der Lebendigkeit der Logik und von einigen hier behandelten Themen zu vermitteln.

Daß Kant irrte, ist wohl verzeihlich, denn er wußte kaum etwas von den mittelalterlichen, geschweige denn von den megarischen und stoischen Logikern, von denen Sextus Empiricus (2./3.Jh.n.Chr.) erwähnte, daß sie sagten, daß „ein zusammenhängender Satz richtig ist, wenn sein Nachsatz aus seinem Vordersatz folgt - sie streiten aber über die Frage, wann und wie er folgt, und stellen diesbezüglich entgegengesetzte Kriterien auf." Kallimachos, Bibliothekar im Alexandria des 2.Jh.v.Chr., bemerkte: „Es krächzen selbst die Raben auf den Dächern, welche Implikationen richtig sind." Solche Rabenkonzerte dürften sich später wiederholt haben - so während der Scholastik und auch in unserem Jahrhundert.

Ein „zusammenhängender Satz" ist ein Satz der Form „*Aus A folgt B*", wofür wir im weiteren häufig einfach $A \rightarrow B$ schreiben. Für Philon v. Megara (um 300 v.Chr.) ist ein solcher Satz wahr, wenn der Vordersatz A falsch oder der Nachsatz B wahr ist, und falsch, wenn der Vordersatz A wahr und der Nachsatz B falsch ist. Dies läßt sich etwas übersichtlicher durch folgende Tabelle beschreiben:

A	B	$A \rightarrow B$
wahr	wahr	wahr
wahr	falsch	falsch
falsch	wahr	wahr
falsch	falsch	wahr

Ist A falsch (3. und 4. Zeile), so ist $A \rightarrow B$ wahr unabhängig davon, ob B nun wahr ist oder falsch - im Mittelalter nannte man dieses Prinzip „e falso quodlibet". Ist B wahr (1. und 3. Zeile), so ist $A \rightarrow B$ wahr unabhängig von A („verum e quodlibet"). Es ist klar, daß diese sogenannte *materiale Implikation* nicht ganz der üblichen Bedeutung des Wortes „folgt" entspricht, da man normalerweise voraussetzt, daß zwischen A und

B auch ein gewisser Sinnzusammenhang besteht. So ist z. B. der Satz „Aus $2 \times 2 = 5$ folgt, daß Bertrand Russell Papst ist“ nach dieser Tabelle wahr (4. Zeile). Man kann hier etwas scherzhaft so argumentieren: Da $2 \times 2 = 4$ ist, folgt zunächst aus $2 \times 2 = 5$, daß $4 = 5$ ist. Nimmt man von beiden Seiten dieser Gleichung 3 weg, so ergibt sich $1 = 2$. Nun sind Russell und der Papst 2 Personen, wenn aber $1 = 2$ ist, sind sie nur eine, d. h. aber, Russell ist der Papst.

Es ist wirklich nicht gleich einzusehen, daß es sich bei dieser materialen Implikation um einen grundlegenden Folgerungsbegriff handelt, auf dem sich z. B. die klassische Mathematik, wie sie heute üblicherweise an Schulen und Universitäten gelehrt wird, aufbauen läßt - natürlich kommt da noch eine gehörige Portion Logik, die sogenannte *Prädikatenlogik*, dazu, denn hinsichtlich des mathematischen Gehalts ist die obige Tabelle ja völlig trivial.

Auf gleiche einfache Weise läßt sich auch angeben, wie die Wahrheit bzw. Falschheit von Sätzen der Form „*A und B*“ und „*A oder B*“ von der Wahrheit und Falschheit der Teilsätze A und B abhängt (wir schreiben für „*A und B*“ kurz $A \wedge B$, für „*A oder B*“, wobei wir das „*oder*“ nicht im Sinne des „*entweder – oder*“, sondern wie das lateinische „*vel*“ verstehen, $A \vee B$):

A	B	$A \wedge B$	$A \vee B$
wahr	wahr	wahr	wahr
wahr	falsch	falsch	wahr
falsch	wahr	falsch	wahr
falsch	falsch	falsch	falsch

Auch die Verneinung von A („*Es ist nicht der Fall, daß A*“, kurz: „*nicht A*“, noch kürzer: $\neg A$) hängt hinsichtlich ihrer Wahrheit bzw. Falschheit von jener von A ab, was durch die folgende Tabelle zum Ausdruck gebracht werden kann:

A	$\neg A$
wahr	falsch
falsch	wahr

Die *klassische Aussagenlogik* baut auf diesen Tabellen für $\neg$, $\wedge$, $\vee$ und $\rightarrow$ auf.

Philons materiale Implikation wurde später mehrmals wiederentdeckt, so z.B. auch von Gottlob Frege (1848 - 1925), der davon überzeugt war, daß die Mathematik nichts anderes ist als eine Art hochspezialisierte Logik und daß die mathematischen Aussagen analytische Sätze im Sinne Kants sind (was z.B. auch die Sicherheit und „Unbezweifelbarkeit“ mathematischer Sätze erklären würde). Für die Zurückführung der Mathematik auf die Logik benötigte Frege ein wesentlich stärkeres System als die aristotelische Syllogistik; so entwickelte er mit seiner „Begriffsschrift“ (1879) einfach die moderne Prädikatenlogik! Allerdings hatte er in mehrfacher Hinsicht Pech; zuerst wurde er wenig beachtet - die Philosophen hielten seine Arbeiten für mathematische, weil sie vorwiegend aus Formeln bestanden, und die Mathematiker rechneten die Logik, so wie es bis dahin ja Tradition war, zur Philosophie. Als ihm schließlich mit einem sehr beeindruckenden zweibändigen Werk die Rückführung der Mathematik auf die Logik schon geglückt schien, erhielt er 1902 einen Brief von B. Russell, in dem dieser ihm die Widersprüchlichkeit eines harmlos aussehenden, für „logisch" gehaltenen Prinzips, das Frege - wie auch Georg Cantor (1845 - 1918), der Begründer der Mengenlehre - wesentlich benützte, mitteilte. Ganz grob gesagt handelt es sich dabei darum, ob jeder Begriff einen Umfang hat, d. h., ob es zu jeder Eigenschaft die Menge der Gegenstände gibt, die diese Eigenschaft haben. Für die von Russell gefundene Antinomie gibt es in der Literatur zahlreiche umgangssprachliche Einkleidungen; sehr bekannt ist die des Dorfbarbiers, der genau jene Männer des Dorfes zu rasieren hat, die sich nicht selbst rasieren, und der daher, wenn er sich selbst rasiert, sich nicht rasieren darf, und wenn er sich nicht selbst rasiert, es tun muß.

Wenn auch Freges Programm auf unerwartete und schließlich unüberwindlich scheinende Hindernisse stieß, so zeigte sich doch eine so nahe Verwandtschaft von Logik und Mathematik, daß jede Abgrenzung irgendwie künstlich und willkürlich wirkt. Zudem geriet die Logik in der Folgezeit immer mehr in die Hände von Mathematikern, sodaß sie heute sehr häufig an mathematischen Instituten beheimatet ist. Cantors Mengenlehre wurde übrigens von dem Göttinger Mathematiker E. Zermelo (1871 - 1953) vor den Antinomien „gerettet": ihm gelang es 1908, das oben erwähnte widersprüchliche Prinzip durch Axiome auf jene Fälle zu beschränken, die keinen erkennbaren Widerspruch nach sich ziehen, aber dennoch für den Aufbau der Mathematik ausreichen.

Russells Antinomie war nur eine von mehreren, die um die Jahrhundertwende an der Basis der Mathematik entdeckt wurden - Symptome einer Grundlagenkrise, hervorgerufen durch zu sorglosen Aufbau auf ungeprüftem Boden. Einige Mathematiker, insbesondere L. E. J. Brouwer (1882 - 1966), propagierten die Beschränkung auf sogenannte *konstruktive Methoden.* Betrachten wir dazu ein einfaches Beispiel:

Eine rationale Zahl ist eine solche, die sich als Bruch zweier ganzer Zahlen schreiben läßt, wie etwa $\frac{3}{2}, \frac{4}{5}, 3(=\frac{6}{2})$. Bei einer irrationalen Zahl wie $\sqrt{2}$ und π ist dies nicht der Fall. Wir stellen folgende Frage:

Gibt es irrationale Zahlen a und b derart, daß a^b rational ist?

Für die Antwort „Ja" geben wir folgende Begründung:

Es ist $\sqrt{2}^{\sqrt{2}}$ rational oder irrational.

Im ersten Fall sind wir fertig: wir wählen für a und b jeweils $\sqrt{2}$.

Im zweiten Fall rechnen wir wie folgt:

$$\begin{aligned} \left(\sqrt{2}^{\sqrt{2}}\right)^{\sqrt{2}} &= \sqrt{2}^{\sqrt{2}\cdot\sqrt{2}} && \text{nach der Rechenregel} \quad (x^y)^z = x^{y\cdot z} \\ &= \sqrt{2}^2 && \text{wegen} \quad \sqrt{2}\cdot\sqrt{2} = 2 \\ &= 2 \end{aligned}$$

Wir wählen in diesem zweiten Fall $\sqrt{2}^{\sqrt{2}}$ für a und $\sqrt{2}$ für b.

Dies ist ein einfacher klassischer Beweis durch Fallunterscheidung, der auf dem *Satz vom ausgeschlossenen Dritten* beruht, der in unserer Voraussetzung „Es ist $\sqrt{2}^{\sqrt{2}}$ rational oder irrational" steckt und allgemein als „*A oder nicht A*" (kurz $A \vee \neg A$)

formuliert werden kann. Jemand, der uns obige Frage gestellt hat, könnte sich allerdings gefoppt vorkommen, denn auf die naheliegende weitere, vielleicht etwas ärgerliche Frage „Was soll ich denn nun für a wirklich wählen, $\sqrt{2}$ oder $\sqrt{2}^{\sqrt{2}}$?" wüßten wir keine Antwort außer „Nun, das kommt darauf an, ob $\sqrt{2}^{\sqrt{2}}$ rational oder irrational ist". Was kann etwa ein Richter tun, der weiß, daß einer von zweien ein Mörder ist, aber er keine Möglichkeit hat zu entscheiden, wer nun wirklich der Täter ist?

Ein *konstruktiver* Beweis für den Satz „Es gibt irrationale Zahlen a und b derart, daß a^b rational ist" würde in der Angabe einer Methode bestehen, wie man diese beiden Zahlen tatsächlich finden kann. Der Satz vom ausgeschlossenen Dritten wird konsequenterweise von konstruktiven Mathematikern aus der Logik verbannt und mit ihm auch viele andere, damit verwandte logische Gesetze. Grundlage für eine neue, „konstruktive" Logik - man nennt sie auch „intuitionistisch", was nicht mit „intuitiv" verwechselt werden sollte - ist nicht die Einteilung in wahre und falsche Aussagen, wie es in der klassischen Logik der Fall ist und in den obigen Tabellen ja deutlich zum Ausdruck kommt, sondern der *Beweisbarkeitsbegriff*. $A \vee \neg A$ würde hier bedeuten, daß A beweisbar oder widerlegbar ist - eine Annahme, die angesichts vieler seit Jahrhunderten ungelöster mathematischer Fragen allgemein sich nur durch Optimismus und nicht durch logische Gründe rechtfertigen läßt. Natürlich kommt es vor, daß auch alte Probleme gelöst werden, wenn auch Presseberichte darüber, daß nun „endlich" ein berühmter Satz von P. Fermat (1601 - 1665) durch einen japanischen Mathematiker hat bewiesen werden können, sich inzwischen als falsch herausgestellt haben; wir können aber in keiner Weise sicher sein, daß sich alle mathematischen Fragen entscheiden lassen. Selbst wenn wir den Beweis für die Unlösbarkeit eines Problems als Antwort akzeptieren - wie David Hilbert (1862 - 1943), einer der bedeutendsten Mathematiker seiner Zeit - haben wir keinen Anlaß anzunehmen, jede mathematische Aussage sei beweisbar oder beweisbarerweise unbeweisbar, wie es Hilberts zuversichtlicher Ausspruch „In der Mathematik gibt es kein Ignorabimus!" vielleicht zum Ausdruck bringt. Es konnte der österreichische Mathematiker Kurt Gödel (1906 - 1978) sogar zeigen, daß es in jedem einigermaßen starken mathematischen Axiomensystem (das wenigstens die Theorie der natürlichen Zahlen $1, 2, 3, \ldots$ mit Addition und Multiplikation, die *Arithmetik*, enthält) stets unentscheidbare Sätze gibt, d. h. solche, die in dem System weder beweisbar noch widerlegbar sind. Dieser berühmte *Gödelsche Unvollständigkeitssatz* (1931) hat nicht nur die mathematische Grundlagenforschung in der Folge stark geprägt und befruchtet, seine Auswirkungen sind bis in die Computerwissenschaft und in die Philosophie zu verfolgen. Neuerdings ist er durch populärwissenschaftliche Bücher (wie z.B. Hofstadters „Gödel, Escher, Bach") auch einer breiteren Öffentlichkeit nahegebracht worden.

Der oben erwähnten intuitionistischen Logik liegt naturgemäß ein anderer Folgerungsbegriff als der der materialen Implikation zugrunde: „*Aus A folgt B*" bedeutet hier, daß man aus einem Beweis von A einen Beweis von B konstruieren kann. Hieraus ergibt sich auch z.B., daß zwar $\neg\neg A$ („*nicht nicht A*", interpretiert als Unwiderlegbarkeit von A) aus A folgt, aber nicht umgekehrt, wie es in der klassischen Logik der Fall ist (Gesetz der doppelten Negation). Es läßt sich ja im allgemeinen aus der Widerlegung der Widerlegbarkeit von A noch kein Beweis von A konstruieren. So brachte die Kritik an der klassischen Mathematik eine neue, etwas kompliziertere, aber sehr interessante

Logik hervor, die eben nicht auf einem absoluten mathematischen Wahrheitsbegriff, sondern auf dem Beweisbarkeitsbegriff aufbaut und die 1930 von A. Heyting axiomatisiert (d. h. in ein System gebracht) wurde.

Kehren wir kurz zu den antiken Logikern zurück! Der Megariker Diodoros Kronos (gest. 307 v.Chr.) sagte laut Sextus Empiricus, „daß der zusammenhängende Satz wahr ist, wenn er mit Wahrem beginnend, in Falschem weder enden konnte noch kann." Dem Stoiker Chrysipp v. Soloi (3.Jh.v.Chr.) wurde der folgende Implikationsbegriff zugeschrieben: „Ein zusammenhängender Satz ist wahr, wenn der Gegensatz des Nachsatzes mit dem Vordersatz unverträglich ist." Diese beiden Folgerungsbegriffe kann man als Vorläufer der sogenannten ***strikten Implikation*** betrachten, wie sie in zahlreichen Varianten in der modernen *Modallogik* vorkommt. Begonnen hat damit C. I. Lewis (1883 - 1964), der „*Aus A folgt B*" interpretierte als

„*Es ist unmöglich, daß A und nicht B*"

Wählen wir das in der Logik übliche Zeichen $\diamond$ für „*möglich*", können wir dies kürzer ausdrücken durch

$$\neg \diamond (A \wedge \neg B)$$

Fassen wir die „*Notwendigkeit von A*" als die Unmöglichkeit des Gegenteils von A auf und nehmen wir hiefür das Zeichen $\Box$, so bedeutet

$$\Box A \quad \text{dasselbe wie} \quad \neg \diamond \neg A$$

Es zeigt sich dann, daß wir statt $\neg \diamond (A \wedge \neg B)$ auch einfach

$$\Box(A \rightarrow B) \qquad (\text{„\textit{Es ist notwendig, daß B aus A folgt}“})$$

schreiben können (wobei die Zeichen $\neg, \wedge$und $\rightarrow$ wie in der klassischen Aussagenlogik mithilfe der eingangs angegebenen Tabellen zu interpretieren sind).

Nun sind aber die Wörter „*notwendig*" und „*möglich*" außerordentlich vieldeutig; daher hat schon Lewis 5 Versionen dieser strikten Implikation durch verschiedene Axiomensysteme, die $S1, S2, ...S5$ genannt werden, charakterisiert. In der Folge wurden hunderte ähnliche Systeme bzw. auch unendliche Klassen solcher Systeme untersucht. Einige wenige hatten eine sehr natürliche Interpretation, so etwa $S4$, in dem man das Zeichen $\Box$ als „*beweisbar*" lesen kann - dies war Gödel 1933 aufgefallen, der deshalb vermutete, daß man die intuitionistische Logik in $S4$ „übersetzen" kann, was 1948 dann auch bewiesen wurde. Die gleiche Übersetzung führt von der klassischen Logik in $S5$, wo man $\Box$ als „*logisch notwendig*" interpretieren kann. 1970 hat M. Fitting eine Übersetzung der klassischen Logik in $S4$ gefunden, wonach man die Wahrheit als *beweisbare Unwiderlegbarkeit* auffassen kann, und der Autor hat 1974 alle zwölf möglichen derartigen Übersetzungen der klassischen Logik untersucht und dabei festgestellt, daß im Fall der Aussagenlogik 7 nach $S4$ und 5 nach $S5$ führen und man hier insbesonders unter „Wahrheit" einfach „Unwiderlegbarkeit" verstehen kann (im Fall der Prädikatenlogik ist die Situation etwas komplizierter).

Rudolf Carnap (1891 - 1970) hat in dem Büchlein „Meaning and Necessity" (1947) das Zeichen $\Box$ in $S5$ interpretiert als *Gültigkeit in allen möglichen Welten* - eine Definition der Notwendigkeit, die Leibniz zugeschrieben wird. Hierauf aufbauend haben

Ende der fünfziger Jahre drei Logiker unabhängig voneinander und zu einer Zeit, da die Vielfalt der untersuchten Systeme schon ziemlich unübersichtlich geworden war, eine einheitliche und elegante Interpretation von sehr vielen Modallogiken gefunden. Auf der Grundlage dieser nach S. A. Kripke benannten Semantik konnte nicht nur eine Systematik der Notwendigkeitsbegriffe entwickelt werden (die Modallogik wurde damit noch deutlicher zur Theorie von den modallogischen Systemen), es ergaben sich plötzlich auch zahlreiche Querverbindungen zu anderen Wissenschaften, von denen hier im folgenden lediglich einige, die einen Bezug zur Arbeit an unserer Abteilung haben, erwähnt seien. Gefördert wurden diese interdisziplinären Beziehungen durch ein populäres Lehrbuch von *Hughes und Cresswell*, das 1968 erschien und sogar ins Deutsche übersetzt wurde. (Bis zum zweiten Weltkrieg wurden die meisten Arbeiten auf dem Gebiet der modernen Logik in deutscher Sprache veröffentlicht, heute ist das Englische zur internationalen Wissenschaftssprache geworden.)

Über die Anfänge der sogenannten *Dynamischen Logik* schrieb 1980 V. R. Pratt, einer ihrer Begründer und führenden Vertreter: „Im Frühjahr 1974 hielt ich eine Lehrveranstaltung über die Semantik und Axiomatik von Programmiersprachen. Auf die Anregung durch einen der Studenten, R. Moore, hin, befaßte ich mich mit der Anwendung der Modallogik auf die formale Behandlung einer auf C. A. R. Hoare zurückgehenden Konstruktion, ‚$p\{a\}q$‘, die zum Ausdruck bringt, daß, wenn p vor der Ausführung des Programms a gilt, danach q der Fall ist. Obwohl ich anfangs skeptisch war, überzeugte mich ein Wochenende mit *Hughes und Cresswell*, daß eine höchst harmonische Verbindung von Modallogik mit Programmen möglich ist. Diese Verbindung versprach für Computerwissenschaftler interessant zu sein wegen der Stärke und mathematischen Eleganz des Verfahrens. Es schien auch für Modallogiker interessant zu sein, da sie eine wohlmotivierte und möglicherweise sehr fruchtbare Beziehung zwischen Modallogik und Tarskis Theorie der binären Relationen herstellte, eine Verbindung, die, im Nachhinein betrachtet, schon viele Jahre früher hätte im Detail untersucht werden sollen.“ Seinem Bezug zur Modallogik verdankt es der Angehörige unserer Abteilung, daß er an der Universität Linz mit einer Vorlesung über Dynamische Logik betraut wurde.

Im Beweis des oben erwähnten Gödelschen Unvollständigkeitssatzes spielt die Tatsache eine wichtige Rolle, daß man gewisse Aussagen *über* arithmetische Formeln *als* arithmetische Formeln formulieren kann. (In der natürlichen Sprache ist so etwas geläufig: man kann z.B. den Satzbau eines deutschen Satzes selbst durch einen deutschen Satz beschreiben, natürlich aber auch durch einen englischen.) Insbesonders gibt es Formeln, die bei einer entsprechenden Interpretation etwas über sich selbst aussagen (neben ihrer „gewöhnlichen“ Bedeutung im Bereich der Zahlen). Gödel gelang es, eine Formel zu konstruieren, die auf diese Weise ihre eigene Unbeweisbarkeit ausdrückt und nicht nur ein Beispiel für einen unentscheidbaren Satz abgibt, sondern auch zeigt, daß man die Widerspruchsfreiheit der Arithmetik nicht arithmetisch beweisen kann. (Die Selbstbezüglichkeit, die in dieser Formel zu stecken scheint, ist nicht widersprüchlich wie im Fall des Dorfbarbiers.) Nun hat R. M. Solovay 1976 ein modallogisches System namens G identifiziert, in dem man, ganz grob gesagt, das Zeichen $\Box$ interpretieren kann durch „arithmetische Beweisbarkeit, arithmetisch formuliert“. Dieses System G war schon vorher wegen anderer interessanter Eigenschaften untersucht worden und hat einige merkwürdige Züge. Es beinhaltet z.B. die Regel, daß man

$$\textit{von} \quad \Box A \to A \quad \textit{auf} \quad A \quad \textit{schließen}$$

kann (in den meisten Systemen gilt $\Box A \to A$ ganz allgemein, ohne daß man hieraus auf A schließen könnte). Diese Regel geht bei der angedeuteten arithmetischen Interpretation von $\Box$ über in den *Satz von Löb* (1955), der eine Verallgemeinerung des Gödelschen Satzes darstellt. Der Gödelsche Beweis selbst wird auf diese Weise, weil man wesentliche Teile davon einfach in G formulieren kann, durchsichtig. In den letzten 10 Jahren sind neben zahlreichen Artikeln auch zwei Bücher über G erschienen, deren Titel (übersetzt) lauten: „*Die Unbeweisbarkeit der Widerspruchsfreiheit. Ein Essay in Modallogik*" und „*Selbstbezüglichkeit und Modallogik*" - Zeugen einer unerwarteten und interessanten Beziehung der Modallogik zur Mathematik. Das System G ist Thema einer Diplomarbeit an der Abteilung für Logik und mathematische Grundlagenforschung.

Nach den bisherigen Ausführungen wird man Querverbindungen der Modallogik zur Philosophie nicht als „unerwartet" einstufen, doch auch hier gibt es noch ein weites Neuland zu erforschen. So hat der Autor, teils in Zusammenarbeit mit Kollegen vom Institut für Philosophie, eine Methode der Textinterpretation entwickelt und konkret auf einige Sätze von Leibniz, Thomas von Aquin und Wittgenstein angewandt. Dabei geht es weniger um die Frage, ob die betreffenden Autoren „logisch richtig" argumentiert haben, sondern darum, welche Struktur das in dem jeweiligen Text dargestellte Gebäude hat und welches logische System zugrunde liegt. Die Arbeit über Leibniz wurde auch in den *Mathematical Reviews* (1984) rezensiert, ein Indiz dafür, daß die im allgemeinen auseinanderstrebenden Wissenschaften gelegentlich auch wieder zusammenrücken. Leider ist die im Hintergrund stehende auf R. Montague (1930 - 1971) zurückgehende Grammatiktheorie, die man als eine semantische Ergänzung der generativen Grammatik von N. Chomsky ansehen kann und die auf einer typentheoretischen Modallogik beruht, noch zu wenig ausgebaut, als daß man sie hier in großem Stil benützen könnte, doch auf ganz natürliche Weise ergibt sich hier eine Brücke zur Sprachwissenschaft. Weitere Berührungspunkte mit anderen Wissenschaften stellen im Rahmen der Lehrtätigkeit des Autors die Rechtslogik und die Quantenlogik (Physik) dar.

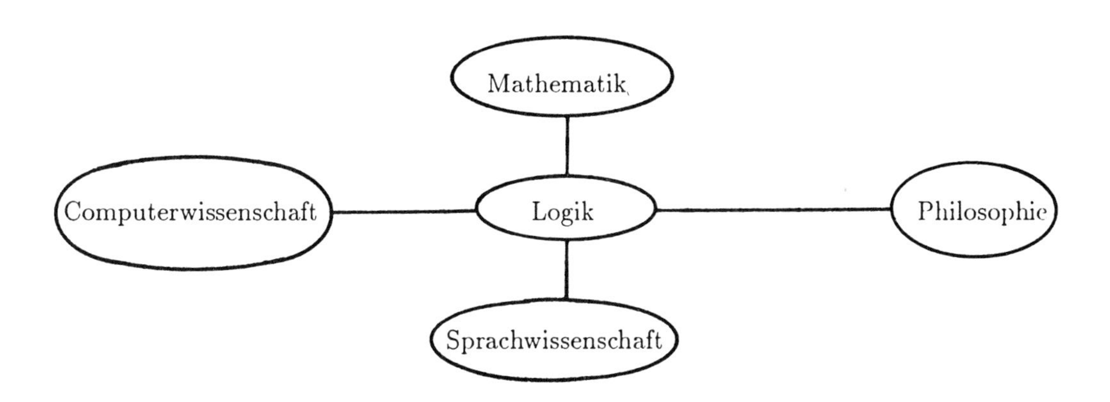

Tradition

Seit Generationen legen die Eigentümer von Privatvermögen Ihr Kapital vorzugsweise bei traditionell privaten Banken an.
Unser Haus ist die klassische Privatbank für einen ausgewählten Kundenkreis, der außergewöhnliches persönliches Service und maßgeschneiderte Problemlösung erwartet.
Traditionelle Grundsätze der Unternehmenskultur eines Privatbankhauses, wie Diskretion und privatwirtschaftliches Denken und Handeln, vereint mit Professionalität im nationalen und internationalen Bankgeschäft sind unsere Stärke.

The Distinguished Bankers for Distinguished People.

Salzburg

Wir haben Kinder.

Wir können es uns nicht leisten, nur mit dem Jetzt im Verbund zu leben.

WIR LEBEN JETZT WIR LEBEN WEITER WIR LEBEN IM

Weil wir uns und unsere Kinder lieben.

VOM KOSMOS ZUR WELT DER ZAHLEN

Helmut J. **Eflnger**

Gott gibt die Nüsse, aber er
bricht sie nicht auf (J.W. Goethe)

Ich nehme das 21-jährige Gründungsjubiläum des Instituts für Mathematik zum Anlass, das überaus faszinierende Nahverhältnis zwischen Naturforschung und Mathematik ein wenig zu reflektieren.

Mit Kosmos meine ich die reale Außenwelt, die wir für gewöhnlich als den Gegenstandsbereich naturwissenschaftlicher Forschung ansehen (Physik, Chemie, etc.). Es verhält sich wohl anders mit der Welt der Zahlen, die dem Forschungsbereich der Mathematik angehört. Wenn wir heute die Mathematik zu den Naturwissenschaften zählen, obgleich ihre Methoden nichts mit der realen Außenwelt zu schaffen haben, so sehe ich darin ein Bekenntnis zur pythagoräischen Tradition. Mathematik hat viel zu tun mit Logik, sie könnte deshalb eher den Geisteswissenschaften zugerechnet werden. Aber welche Bewandtnis hat es mit der pythagoräischen Tradition?

Für die alten Pythagoräer (zweite Hälfte des 6. Jh. v. Chr.) war "Kosmos" (sie bedienten sich dieses Wortes mit großer Vorliebe) dasselbe wie die "Welt der Zahlen"; aber es handelt sich eben doch um zwei verschiedene Welten, und davon soll in diesem Aufsatz die Rede sein. Man vergegenwärtige sich das folgende: für die Schule des Pythagoras bestand die eigentliche Kernaussage darin, daß allen "Dingen" der realen Außenwelt Zahlen zugrunde liegen. So entdeckten sie, daß die musikalischen Harmonien mit mathematischen Brüchen in Verbindung gesetzt werden können; Intervalle im Verhältnis 2:1 (Oktave), 3:2 (Quinte) oder 4:3 (Quarte) spielten eine besondere Rolle und sie scheuten sich nicht, solche Zahlenverhältnisse auf den gesamten Kosmos zu übertragen. — Der große Philosoph Platon (428 - 348 v.Chr.), der von dieser Schule stark beeinflußt war, meinte etwas später, daß der sinnlich wahrgenommene Kosmos nur ein Abglanz ganz bestimmter mathematischer Strukturen sein kann.

Wir können von einem pythagoräischen Dogma der abendländischen Geistesgeschichte sprechen, oder (mit besonderer Berücksichtigung der Renaissance) von einer Galileischen Doktrin: "Das Buch des Universums (Kosmos) ist in der Sprache der Mathematik geschrieben und seine Buchstaben sind Dreiecke, Kreise und andere Figuren, ohne die es dem Menschen unmöglich ist, ein einziges Wort daraus zu verstehen". Soviel zu Galilei (1564-1642). — Man erinnere sich, daß der bedeutende Physiker Newton (1642-1727), der ja sehr viele Impulse aus dieser Doktrin bezog, in seiner mathematischen Forschung durchaus Naturwissenschaftler war: bei dem kühnen Versuch, das wahre Funktionieren des Kosmos zu ergründen, entdeckte er für die moderne Mathematik die Infinitesimalrechnung! Aber von welcher Wahrheit ist hier die Rede, wenn den "Dingen" Zahlen zugeordnet werden?

Werfen wir einen Blick auf unser Sonnensystem: der berühmte Astronom Kepler (1571-1630) unterteilte das System der Planeten ganz im Sinne des antiken pythagoräischen Weltbildes in mehrere Sphären, die allerdings für ihn nur bis zum Planeten Saturn reichten; die äußersten Planeten Uranus, Neptun und Pluto wurden erst viel später entdeckt. Was dabei interessant ist, und was Kepler noch nicht wissen konnte, ist die zu Beginn des vorigen Jahrhunderts bekannt gewordene Tatsache, daß einige dieser Sphären in einer harmonischen Beziehung zueinander stehen: Zunächst hat jede Sphäre, einschließlich der "Sphäre der Asteroiden (Planetoiden)" zwischen Mars und Jupiter, einen Radius mit der Sonne als Zentrum (für diesen Radius wähle man den mittleren Abstand des jeweiligen Planeten von der Sonne); es zeigt sich, daß das Abstandsverhältnis aufeinanderfolgender Planetensphären mit großer Genauigkeit dem Intervall einer Oktave, also dem Verhältnis 2:1, entspricht! Wenn wir den Abstand zwischen Erdsphäre (E) und innerer Venussphäre (V) mit 1 festlegen, dann würden die äußeren Sphären von der Erde aus gesehen die folgenden Entfernungen haben (siehe schematisches Bild): 2 für Mars (M), 6 für Asteroiden (A), 14 für Jupiter (J), 30 für Saturn (Sa) und 62 für Uranus (U); der Zeichnung entnimmt man unmittelbar die fragliche Oktavenanordnung durch die Zahlenverhältnisse 32/16, 16/8, 8/4, 4/2.

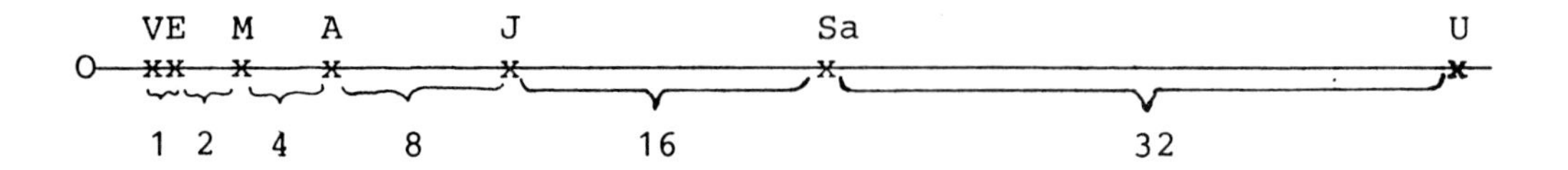

Es ist bedauerlich, daß die weiter draußen liegenden Planeten Neptun und Pluto sich nicht dieser pythagoräischen Harmonie fügen, und auch der innerste Planet Merkur (nicht eingezeichnet) bleibt unberücksichtigt. Es sei noch folgendes angemerkt: Könnten wir den Planeten Neptun aus dem Sonnensystem entfernen, dann würde das nächste Glied in der Folge 1,2,4,8,16,32, nämlich 64 recht gut zu Pluto passen! — Sollten wir diese Symmetrieanordnung, auch wenn sie nicht durchgängig ist, für rein zufällig halten? Ich gebe zu bedenken, daß eine solche harmonische Eigenschaft unseres Planetensystems im Lichte der zeitlichen Entwicklung des gesamten Sonnensystems gesehen werden muß ; eine solche Entwicklung setzte vor etwa fünf Milliarden Jahren ein, so daß die fragliche Harmonie nur auf den Jetztzustand zutrifft.

Wir wissen nichts über Planetensysteme im allgemeinen, doch dürfen wir vermuten, daß in bestimmten Sternsystemen (auch außerhalb der Milchstrasse) Planeten nichts Ungewöhnliches sind. Welche planetarischen Zahlenverhältnisse könnten wir anderswo erwarten? — Der nüchterne Naturforscher hüllt sich hier in Schweigen, er wendet sich lieber Fragen zu, wo er sicher sein kann, auf fundamentale kosmische Zahlenverhältnisse zu stossen: ich spreche hier den inneren Aufbau der Materie und ihre Verteilung im kosmischen Raum an. Tatsächlich scheinen wir mehr über den Kosmos im Kleinen (Atomphysik) und in gewisser Weise auch mehr über den Kosmos im Großen (Kosmologie) zu wissen als über unser Sonnensystem, das in seiner räumlichen Ausdehnung irgendwo dazwischen liegt. Nun besitzt dieser Kosmos ein materielles Maß, das die gesamte Naturforschung betrifft: nämlich das Wasserstoffatom (H-Atom). Es ist nicht nur das kleinste, sondern auch das häufigste chemische Element am gestirnten Himmel! Worin besteht nun, in Zahlen ausgedrückt, die Besonderheit dieses kleinsten Atoms? Dazu müssen wir uns vor Augen halten, daß jedes H-Atom in zwei kleinere physikalische Bausteine der Materie zerlegt werden kann, nämlich in ein Proton und in ein Elektron; da eine der auffälligsten Eigenschaften der Materie ihre Trägheit (Masse) ist, beschränke ich mich auf die folgende Frage [1]: Welches Massenverhältnis besteht zwischen Proton und Elektron? Und darauf gibt es eine recht klare Antwort, die wir einer Fülle von Experimenten verdanken; das fragliche Massenverhältnis ist durch die Zahl 1836,... gegeben, die Punkte nach dem Komma stehen für Dezimalstellen (deren Kenntnis etwas unsicher ist). — Ich darf davon ausgehen, daß einem modernen Mathematiker diese Zahl ziemlich gleichgültig ist, es sei denn, er interessiert sich zufällig für Physik!

Die pythagoräische Doktrin verlangt jedoch eine logische Erklärung für dieses Zahlenverhältnis (nämlich, daß das Proton fast zweitausend mal schwerer ist als das Elektron!) Im Geiste der Antike sollte ich davon überzeugt sein, daß dem Proton/Elektron - Massenverhältnis ein ganz bestimmtes mathematisches Muster des Kosmos zugrunde liegt (allerdings unvergleichlich komplexer als jenes euklidische Muster, das man in der Mathematik benötigt, um das Verhältnis von Kreisumfang zu Kreisdurchmesser zu bestimmen [2]); dann müßte diese Zahl exakt berechenbar sein [3]. — Der Naturforscher gerät hier in eine Zwickmühle (und damit sein ganzes Nahverhältnis zur Mathematik!): einerseits glaubt er wie die alten Pythagoräer, daß der Kosmos eine dem menschlichen Verstand zugängliche mathematische Struktur offenbart (mit deren Hilfe alle fundamentalen Zahlenverhältnisse im Sinne logischer Gewißheit exakt berechenbar wären), andererseits weiß er aufgrund der unterschiedlichen Spielregeln seiner Wissenschaft, daß ein zwingender Zusammenhang zwischen realer Außenwelt und Mathematik nicht begründet werden kann!

Einige Philosophen jüngeren Datums sehen folgenden Ausweg aus diesem Dilemma: die mathematische Formulierung von Naturgesetzen vor allem in der Physik ist eine Art Denkökonomie, der Kosmos wird dabei modellmäßig auf ein Schema von Zahlen abgebildet. Die experimentell beobachteten Regelmäßigkeiten stellen sich dann dar als Relationen zwischen diesen Zahlen, für die es aber letztlich keine absolute Gewißheit geben kann! — Diese Philosophen, so glaube ich, gehen davon aus, daß es grundsätzlich zwei Arten von Wahrheit gibt: eine über Zahlen wie π oder $\sqrt{2}$, etc., deren Bedeutung logisch gewiß ist (z.B. $\sqrt{2}$ als Verhältnis von Diagonale zur Seite eines Quadrats); und eine andere über Zahlen wie 1836,... (siehe das soeben besprochene Verhältnis von Protonmasse zur Elektronmasse), etc., die nur kontingent wahr sind (also das fragliche Massenverhältnis könnte ebenso 1800,... oder 1900,.. sein!). — Ich finde, daß diese

[1] Die Masse eines Körpers wird in Gramm oder Kilogramm angegeben. Es sind aber nur solche Zahlen von Bedeutung, die davon unberührt bleiben, ob die Massen in Gramm oder Kilogramm gemessen werden; also Zahlen, die ein Verhältnis ausdrücken (ähnlich dem Beispiel der Planetensphären, wo das Abstandsverhältnis 2:1 mit Metern oder Kilometern nichts zu tun hat.

[2] Dieses Verhältnis ist beliebig genau berechenbar, nämlich $\pi = 3,1415..$ (ohne geringste Unsicherheit in den Dezimalstellen!).

[3] Ich sagte zuvor, daß das H-Atom das häufigste Element sei: nun hat dieser Kosmos eine natürliche Sichtbarkeitsgrenze (unabhängig von der Qualität unserer Meßinstrumente), die bei etwa zwanzig Milliarden Lichtjahren liegt - 1 Lichtjahr gleich zehn Billionen Kilometer! — Die Astrophysiker können innerhalb dieser Grenze die Anzahl der H-Atome im Kosmos abschätzen; man kommt auf ca. 10^{79} (eine 1 mit 79 Nullen!). Gibt es für diese riesige Zahl eine logische Erklärung?

Ansicht (man nennt sie manchmal positivistisch) zumindest ehrlich gemeint ist, aber sie ist auch eine klare Absage an die idealistische Doktrin der Pythagoräer! [4]

Das Nahverhältnis zwischen Naturforschung und Mathematik, das uns alle so fasziniert, bleibt ein nicht weiter zu ergründendes (wenn auch bewährtes) Faktum: die Mathematik liefert dem Naturforscher ein brauchbares Hilfsmittel oder Werkzeug! Und dennoch, dessen bin ich ziemlich sicher, werden wir uns nie von der pythagoräischen Sehnsucht nach absoluter Gewißheit (man verzeihe mir diese Ausdrucksweise) befreien können. — Während ich diese Worte niederschreibe, werde ich unwillkürlich an den folgenden (vielleicht einigen Lesern bekannten) Dialog erinnert, der auf der philosophischen Hintertreppe zwischen einem "Positivisten" (P) und einem "Idealisten" (I) ausgetragen wird:

P: Bester Freund, was würden Sie tun, wenn Sie in der Arktis einem Eisbären begegnen?
I: Ich würde sofort auf eine Palme flüchten.
P: Damit würden Sie doch gegen alle Spielregeln verstoßen!
I: Werter Kollege, Sie mögen recht haben, aber hätte ich denn eine andere Wahl?

---

[4] In diesem Zusammenhang möchte ich den Nobelpreisträger C.N. Yang zitieren: "Deep as the relationship is between mathematics and physics, it would be wrong, however, to think that the two disciplines overlap that much. They do not. And they have their separate aims and tastes. They have distinctly different value judgements, and they have different traditions. At the fundamental conceptual level they amazingly share some concepts, but even there, the life force of each discipline runs along its own veins."(Figure)

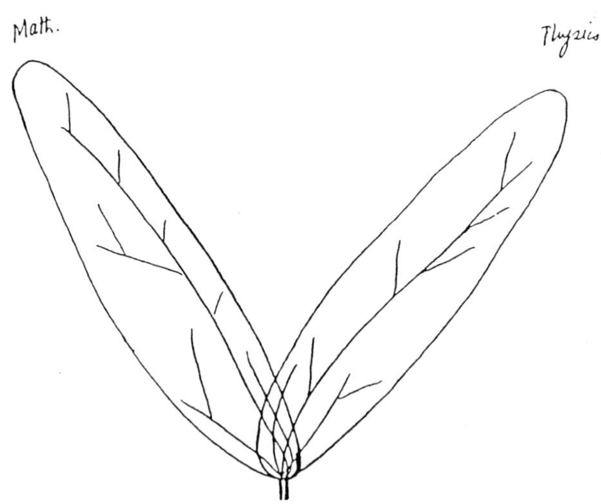

MATHEMATIK FÜR DAS ENERGIESPAREN?

Hon.-Prof. Dipl.Ing. Dr. Wilhelm **Frank**

Es gibt kaum einen Lebensbereich, in welchem die Anwendung mathematischer Überlegungen nicht Nutzen stiften kann. Einfach deshalb, weil sie zu einer klareren Erfassung der Verhältnisse und damit zu rationelleren Entscheidungen führt. Natürlich hängt das Ausmaß, in dem solche Überlegungen angebracht sind, vom jeweils gestellten Problem ab.

Nehmen wir den seit 15 Jahren besonders aktuell - und akut - gewordenen Bereich des sorgsameren Umgangs mit Energie. Der Tausch einer 100-Watt gegen eine 40-Watt-Lampe auf meinem Nachttisch bringt keinen Nachteil für die Bettlektüre mit sich. Die Einsparung von 60 % an Energie ist hier ohne besondere Rechnung, bloß durch ein paar Handgriffe erzielbar. Es gibt aber auch Fälle, wo der Weg zum Erfolg nicht so offenkundig ist. Als Beispiel dafür kann die Fahrt eines Schiffes auf einem Gewässer von einem Ausgangshafen A zu einem Zielhafen B dienen. Von A nach B kann das Schiff auf verschiedenen Bahnen gelangen. Diese Bahnen bestehen aus einer Aufeinanderfolge von Punkten auf der als eben angesehene Oberfläche des Gewässers. Jeder Punkt ist dort durch zwei Zahlenwerte in einem Koordinatensystem festgelegt. Es kommt aber nicht allein auf die Gestalt der Bahnen an, sondern jedenfalls auch auf die Zeit in der sie durchlaufen werden. Von jedem Punkt des Gewässers aus kann sich das Schiff ja in verschiedene Richtungen bewegen, wobei dessen Geschwindigkeit sich aus der Geschwindigkeit zusammensetzt, die ihm die Antriebsleistung der Schiffschraube verleiht und der jeweiligen Strömungsgeschwindigkeit des Gewässers in der betreffenden Richtung. Zur Vielfalt der Bahnen von A nach B tritt damit die Vielfalt der Zeiträume hinzu, während denen sie durchlaufen werden können. Jede einzelne Bahn aus dieser Gesamtheit stellt sich als eine Zuordnung der Zahlenwerte der Punkte ihrer Koordinaten zum Zahlenwert des Zeitpunkts dar, zu dem der betreffende Punkt A aus erreicht wird. Damit ist es offenbar sinnvoll nach jener Bahn zu fragen, bei der das Schiff in kürzester Zeit von A nach B gelangen kann (Zermelo'sches Navigationsproblem 1931). Oder auch nach jener Bahn, bei der etwa für eine fest vorgegebene Zeitdauer - die jedenfalls größer sein muß als die "kürzeste", also für einen festen Fahrplan - das Schiff bei geringstem Energieverbrauch von A nach B gelangt. Mit letzterer Frage haben wir das Energiesparen bereits prinzipiell angesprochen.

Es ist offensichtlich, daß auch der geübte Kapitän in beiden Fällen zwar begründete Vermutungen über den jeweils geeigneten Kurs hegen kann, daß aber sein endliches Erfahrungswissen nicht ausreichen kann, um seine Vermutung gegenüber einer unendlichen Fülle von Möglichkeiten zu begründen. Hier wird die Mathematik als Hilfsmittel der Entscheidung unvermeidlich. Das Wesentliche ihrer Verwendung kann aber auch ohne Formelaufwand erläutert werden.

Sowohl im ersten wie im zweiten Fall erfolgt bei der Formulierung des Problems auf Grund der jeweils vorliegenden geometrischen und physikalischen Sachlage eine sich durch einen mathematischen Ausdruck repräsentierende Zuordnung eines Zahlenwerts zu jeder Bahn von A nach B. Im ersten Fall ist dieser Zahlenwert die Durchlaufszeit, im zweiten Fall der Energieverbrauch. In sinngemäßer Verallgemeinerung des vorhin benutzten Funktionsbegriffs (Zuordnung von Zahlen zu Zahlenwerte) bezeichnet man die Zuordnung eines Zahlenwertes zu einer Funktion als Funktional. Die Frage nach der "schnellsten Bahn" bzw. nach der "Bahn des geringsten Energieaufwands" stellt sich damit jeweils als Frage nach jener Bahn von A nach B dar, die den Minimalwert des betreffenden Funktionals liefert.

In analoger Weise wie das Funktional die sinngemäße Verallgemeinerung des Funktionsbegriffs ist, sind die Verfahren zur Lösung derartiger Minimalprobleme - die man als Variationsmethoden bezeichnet - die "denknotwenige Erweiterung der Differentialrechnung" (Hilbert). Mit letzteren kann man - wie man etwa in der 7. Klasse der AHS lernt - jene Stellen, an denen eine beliebige aber differenzierbare Funktion ihren Minimal - (bzw. auch Maximal-)Wert annehmen kann, dadurch bestimmen, daß man die Gleichung löst, die man erhält, wenn man die erste Ableitung dieser Funktion gleich Null setzt (was der horizontalen Neigung der Tangente an die durch eine Kurve in einem kartesischen Koordinatensystem dargestellten Funktion entspricht). Besonders anschaulich faßbar wird die Möglichkeit der Übertragung dieser Vorgangsweise auf Minimalaufgaben bei Funktionalen, durch das für diese geltende "Optimalitätsprinzip" (Bellman) ausgedrückt. Dieses besteht in der unmittelbar einleuchtenden Aussage, wonach eine Funktion, die den Minimalwert des Funktionals für ihren gesamten Verlauf liefert, die Eigenschaft auch für jeden Teilabschnitt ihres Verlaufs besitzt. Damit ist plausibel, daß sich die durch den Minimalwert des Funktionals global an die Lösung gestellte Forderung auf eine überall geltende lokale Forderung reduzieren und mit den Mitteln der Differentialrechnung behandeln läßt.

Grundsätzlich die gleiche Aufgabe die unserem Kapitän gestellt ist: den Kurs auf der energiesparendsten Bahn zu halten, hat - in noch viel schärferer Weise - der Flugzeugführer und speziell der Raumfahrer zu erfüllen. Denn die von diesem transportierbare Nutzlast wird umso größer, je geringer die beim Start mitzunehmende Treibstoffmenge ist. Unübersehbar viele Analysen und Rechenprogramme sind deshalb diesem Fragenkreis bereits gewidmet. Ganz anders ist es jedoch um die Behandlung von Aufgaben des Energiesparens im anderen Bereich unserer Tätigkeit bestellt. Hier ist nämlich der Erfolg nicht so ausschließlich wie beim Flugtransport und bei der Raumfahrt von der eigesparten Energie abhängig; vielmehr ist der Energieeinsatz nur einer von mehreren Kostenfaktoren, der überdies trotz der Energiepreissteigerung, zumeist von untergeordneter Bedeutung geblieben ist. Der Endverbraucher von Energie legt deshalb meist andere Kriterien den Entscheidungen über die zu erzielenden Ergebnisse mit den von ihm betriebenen Prozessen zu Grunde, als das des minimalen Energieverbrauchs. Dennoch sind in letzter Zeit einige Untersuchungen auch in dieser Richtung angestellt worden.

Eine betrifft die Behandlung der zweckmäßigen Art der Beheizung von Räumen, die nur zeitweilig benutzt werden. Soll durchgeheizt werden oder soll - und wie? - in der benutzbaren Zeit die Heizung gedrosselt werden? Für den Fall einer ohne Zeitverzögerung wirkenden Heizeinrichtung (etwa: Elektro- oder Gaskonvektorheizung) mit ausreichender maximalen Leistung ergibt sich, daß der in der benutzerfreien Zeit teilweise unterbrochene Heizbetrieb (sprunghafter Wechsel zwischen Stillstand und Vollbetrieb, sogenannte "Bang-Bang" -Regelung) dann den günstigsten Betriebsfall darstellt, wenn der Stillstand sofort nach Ende der Benützung eintritt und der Heizbetrieb mit Vollast gerade so aufgenommen wird, daß erst zu Beginn der Wiederbenützung die für die Benützung vorgeschriebene Verhältnise erreicht werden. Er führt zu erheblichen Einsparungen namentlich gegenüber dem gleichmäßig durchlaufenden Heizbetrieb mit der für die Aufrechterhaltung der Raumtemperatur in der Benutzungszeit erforderlichen Heizleistung. Da der Energieanteil der Raumwärme an gesamten Endenergieverbrauch der Bevölkerung in unseren Breiten etwa 35 % beträgt, kommt solchen Ergebnissen gewißauch praktische Bedeutung zu. Auch für den optimalen Betrieb von Chargenöfen in Stahlwerken, das ein mit dem vorigen verwandtes Problem, jedoch im Hochtemperaturgebiet, darstellt, sind wichtige Resultate erzielt worden.

Bei Kreisprozessen, wie sie etwa von Otto- und Dieselmotoren ausgeführt werden, wird bei jedem Zyklus eine bestimmte Treibstoffmenge umgesetzt. Man kann nun, bei festgehaltener Treibstoffmenge und festgehaltener Zykluszeit nach dem Maximalwert an Arbeit fragen, der sich dabei gewinnen ließe. Es zeigt sich, daß die heute gebräuchlichen motorischen Prozesse in dieser Hinsicht verbesserungsfähig wären - aber die Realisierung dieser Möglichkeit scheitert nicht zuletzt an den Anforderungen, die sie an die kinematische Gestaltung des Ablaufs der Kolbenbewegung stellt.

Wenn der Reibungskoeffizient einer zähen Flüssigkeit von der Geschwindigkeit abhängt mit der diese durch ein Rohr gefördert wird, führt die Frage nach dem minimalen Energieaufwand für die Förderung einer Charge in einem vorgegebenen Zeitabschnitt auf ein zeitlich veränderliches Geschwindigkeitsnetz, dem in vielen Fällen auch praktisch entsprochen werden kann. Interesse besitzt auch die Frage nach der energieminimalen plastischen Verformung von Werkstoffen. Sie kann aber deshalb noch nicht in Angriff genommen werden, weil die Forschungen über energetisch konsistente Stoffgesetze für derartige Materialien bisher noch zu keinem befriedigenden Resultate gelangt sind.

Die Lösung der hier angeführten Probleme zeigen - über eine allfällige praktische Anwendbarkeit hinausgehend - in jedem Fall die Grenzen auf, die unter den Bedingungen, unter denen das jeweilige Problem gestellt ist, den Bemühungen um das Energiesparen gesetzt sind. Und sie haben alle eines gemeinsam: ihre Grundstruktur ist die Gleiche wie jene für das Schiff, das von A nach B auf dem Kurs mit dem geringsten Energieaufwand fahren soll. Darin manifestiert sich ein weiterer, wichtiger Aspekt der mathematischen Behandlungsweise: die Vereinheitlichung von äußerlich sehr verschieden aussehenden Problemen. Nur für die (Scherz-) Frage nach dem Alter des Kapitäns hat man noch keine zwingende Antwort gefunden. ...

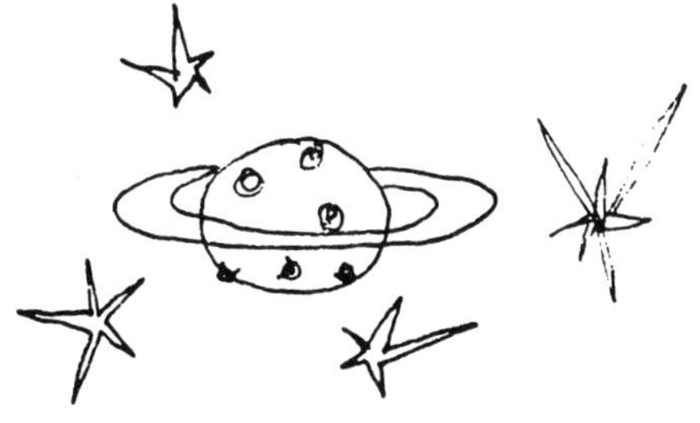

Es war einmal eine Katze, ihr Name war MIA, und Mia lebte auf einem fernen Planeten, weit weg von unserer Erde. Mia war eine Katze wie viele andere, aber sie hatte ein ganz besonderes Abenteuer vor sich.

Bevor ich Dir mehr über Mia und ihr Abenteuer berichte, muß ich Dir einiges von diesem Planeten ARBOKAT erzählen. Auf Arbokat gibt es Bewohner wie auf unserer Erde, nur besteht zu uns Menschen ein wichtiger Unterschied: Für die Arbokatianer spielt Zeit keine Rolle, ja, für sie gibt es gar keine Zeit. Sie haben natürlich auch keine Uhren oder etwas Vergleichbares, und ob etwas nur kurz dauert oder sogar unendlich lange, für die Arbokatianer ist das egal und nicht wichtig. Ja, sie würden nicht einmal den vorigen Satz verstehen.

Auf Arbokat gab es (und gibt es noch immer) viele Katzen. Und die Katzen und die Arbokatianer waren gute Freunde. Jeder Bewohner hatte seine Katze und jede Katze hatte ihren Arbokatianer als Freund.

Natürlich gab (und gibt) es auf Arbokat auch Bäume. Diese sahen früher so aus wie die Bäume auf unserer Erde. Und die Katzen liebten es, auf die Bäume zu klettern und die Arbokatianer freuten sich darüber.

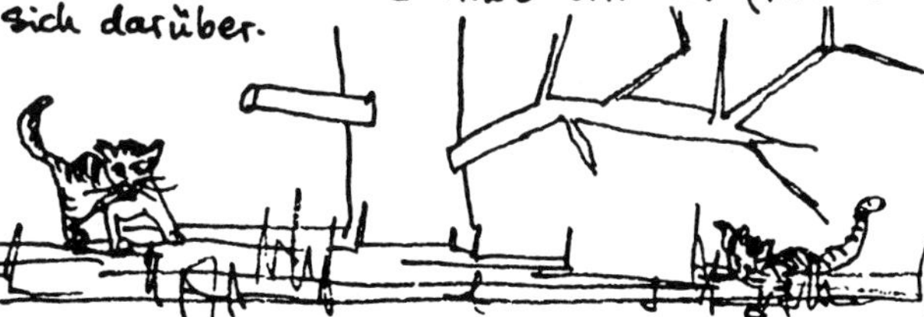

ENDLICHER BAUM
⇒ Katze kommt sicher wieder zurück
(RÜCKKEHR mit WAHRSCHEINLICHKEIT 1)

Es gab keine Probleme, denn alle Katzen kehrten wieder von den Bäumen zurück zu ihren Freunden (es war ja damals alles wie auf unserer Erde; und auch auf unserer Erde kommen die Katzen ja immer wieder von den Bäumen herunter. Oder kennst Du einen Baum, auf dem noch immer eine Katze sitzt?).

2 Katzeneinheiten

Symbolisch

Die Katzen von Arbokat hatten nur eine für uns merkwürdige Gewohnheit:
Sie kletterten (und tun es immer noch) durch den Baum in Katzeneinheiten. Das bedeutet:

-REGELN

① Die Katze macht in jeder Verzweigung des Baumes kurz Rast und entscheidet sich dort zufällig, wie sie weiterklettert (d.h. jeder Ast in dieser Verzweigung hat gleiche Wahrscheinlichkeit)

$\frac{1}{2}$ $\frac{1}{2}$? $\frac{1}{3}$ $\frac{1}{3}$ $\frac{1}{3}$

Wahrscheinlichkeiten

② Wenn es von einer Verzweigung bis zur nächsten zu weit ist, dann klettert die Katze nur um eine Katzeneinheit weiter, macht kurz Rast und entscheidet

1 Katzeneinheit

4 Katzeneinheiten

sich dann wieder zufällig für den weiteren Weg durch den Baum (also vor oder zurück).

Und nun geht das Märchen weiter. Eines Tages kam es zu einer Tragödie auf Arbokat. Die Bäume begannen zu wachsen und zu wachsen, wuchsen weiter und immer weiter ohne Ende, und schließlich gab es nur mehr unendliche Bäume auf Arbokat (die eigentliche Ursache dieses plötzlichen Wachstums ist bis heute nicht ganz klar). Die Katzen kletterten noch immer gern auf die Bäume, aber jetzt kam es immer wieder vor, daß sie nicht mehr zurückkehrten. Und das machte die Arbokatianer sehr

UNENDLICHE BÄUME
?. kommt die Katze wieder zurück ???

guter Baum
(Katze kommt sicher wieder zurück)
= Stammbaum
(er hat nur Stamm, keine Verzweigungen)

schlechter Baum
(manche Katzen kommen zurück, manche nicht)
= Regelbaum
(er verzweigt sich so regelmäßig wie möglich)

traurig (und wahrscheinlich auch viele Katzen; aber die konnte man ja nicht alle fragen, denn viele waren irgendwo in einem Baum): Sie verloren ihre Katzenfreunde.

Die Arbokatianer taten sich daraufhin zusammen, tauschten ihre Erfahrungen aus und begannen, die Bäume in gute und schlechte einzuteilen:

Ein Baum ist gut, wenn die Katzen, die auf ihn hinaufklettern, sicher wieder zurückkommen. Alle anderen Bäume wurden schlecht genannt.

Und es wurden richtige Verzeichnisse über gute und schlechte Bäume zusammengestellt. Zwei typische Beispiele habe ich für Dich auf der vorigen Seite gezeichnet.

NUR FÜR SPEZIALISTEN — NUR FÜR SPEZIALISTEN - NUR F

Die Arbokatianer teilten auf Grund ihrer Erfahrung die Bäume in gute und schlechte ein (leider war die Mathematik auf Arbokat kaum entwickelt). Aber wir auf der Erde haben die Möglichkeit, von einzelnen Bäumen wirklich auszurechnen, ob sie gut oder schlecht sind. Das kann z.B. so geschehen:

W = Wahrscheinlichkeit

Es soll

$W(e \to e)$

berechnet werden!

$W(e \to e)$ = Wahrscheinlichkeit, daß die Katze, die von e aus auf den Baum klettert, wieder nach e zurückkehrt

Wie kann die Katze wieder nach e zurückkehren? Dafür gibt es zunächst (das gilt für jeden Baum) zwei Möglichkeiten:

sie geht von e nach 1 und dann gleich wieder zu e zurück

$W(e \to 1)\, W(1 \to e)$

ODER

sie geht von e nach 1, von 1 weiter hinauf in den Baum, muß dann wieder zu 1 zurückkehren (dafür braucht sie mindestens 2 Katzeneinheiten), und geht dann von 1 zu e

$W(e \to 1)\; W(1 \xrightarrow[\text{einheiten}]{\geq 2\ \text{Katzen-}} 1)\; W(1 \to e)$

also

$$\Rightarrow \boxed{W(e \to e) = W(e \to 1)\, W(1 \to e) + W(e \to 1)\, W(1 \xrightarrow[KE]{\geq 2} 1)\, W(1 \to e)}$$

das gilt für jeden Baum (KE = Katzeneinheit)

Wenn der Baum, so wie bei uns, mit nur einem Stamm aus der Erde kommt, dann kann die Katze von e aus in 1 Katzeneinheit nur nach 1 kommen, sie hat gar keine andere Wahl. Also ist in diesem Fall $W(e \to 1) = 1$

und wir erhalten damit

$$\boxed{W(e \to e) = W(1 \to e) + W(1 \xrightarrow[KE]{\geq 2} 1)\, W(1 \to e)} \quad (= \text{FORMEL } 1)$$

Für $1 \xrightarrow[KE]{\geq 2} 1$ gibt es wieder verschiedene Möglichkeiten:

Die Katze geht bei der ersten Rückkehr zu 1 weiter nach e: $W(1 \to 1)$

ODER

die Katze geht erst bei der zweiten Rückkehr zu 1 weiter nach e: $W(1 \to 1 \to 1) = W(1 \to 1)\,W(1 \to 1) = W(1 \to 1)^2$

ODER

die Katze geht erst bei der dritten Rückkehr zu 1 weiter nach e: $W(1 \to 1 \to 1 \to 1) = W(1 \to 1)\,W(1 \to 1)\,W(1 \to 1) = W(1 \to 1)^3$

ODER … …

also $W(1 \xrightarrow[KE]{\geq 2} 1) = W(1 \to 1) + W(1 \to 1)^2 + W(1 \to 1)^3 + \cdots$ (geometrische Reihe)

$= \dfrac{W(1 \to 1)}{1 - W(1 \to 1)}$, daher $\boxed{W(1 \xrightarrow[KE]{\geq 2} 1) = \dfrac{W(1 \to 1)}{1 - W(1 \to 1)}}$ (= FORMEL 2)

Jetzt lassen sich die beiden Beispiele leicht nachrechnen:
wir schreiben als Abkürzung: $f = W(e \to e)$

Stammbaum

1, e; 1 (Wahrscheinlichkeit) ↑ $\frac{1}{2}$ ↓ $\frac{1}{2}$ (2 Möglichkeiten in 1)

Regelbaum

2, 3, 1, e; 1 (Wahrscheinlichkeit) $\frac{1}{3}$, $\frac{1}{3}$, $\frac{1}{3}$ (3 Möglichkeiten in 1)

Es ist

$W(1 \to 1) = \frac{1}{2} W(e \to e) = \frac{1}{2} f$

$W(1 \to 1) = \underset{(\text{für } 1 \to 2)}{\frac{1}{3} W(e \to e)} + \underset{(\text{für } 1 \to 3)}{\frac{1}{3} W(e \to e)} = \frac{2}{3} f$

(denn die Möglichkeiten für $e \to e$ sind die gleichen wie für $1 \to 1$, nur hat bei $1 \to 1$ die erste Katzeneinheit Wahrscheinlichkeit $\frac{1}{2}$, denn in 1 hat die Katze zwei Möglichkeiten, weiter zuklettern) / die Katze zwei Möglichkeiten, nach oben weiterzuklettern, nämlich zu 2 oder zu 3; in 1 hat die erste Katzeneinheit Wahrscheinlichkeit $\frac{1}{3}$)

Somit ergibt sich

$f = \frac{1}{2} + W(1 \xrightarrow[KE]{\geq 2} 1) \cdot \frac{1}{2}$ nach FORMEL 1 $\quad f = \frac{1}{3} + W(1 \xrightarrow[KE]{\geq 2} 1) \cdot \frac{1}{3}$

$= \frac{1}{2} + \dfrac{\frac{1}{2} f}{1 - \frac{1}{2} f} \cdot \frac{1}{2}$ nach FORMEL 2 $\quad = \frac{1}{3} + \dfrac{\frac{2}{3} f}{1 - \frac{2}{3} f} \cdot \frac{1}{3}$

$\Rightarrow f^2 - 2f + 1 = 0$

$(f-1)^2 = 0$

$f = 1$

also $\boxed{W(e \to e) = 1}$

Die Katze kehrt also sicher wieder zu e zurück

$\Rightarrow 2f^2 - 3f + 1 = 0$

$f = \frac{1}{2}$ oder 1 (das geht nicht, denn sonst wäre $W(1 \xrightarrow[KE]{\geq 2} 1) = 2$. Aber jede Wahrscheinlichkeit ist ≤ 1)

also $\boxed{W(e \to e) = \frac{1}{2}}$ Die Katze kehrt also nur mehr mit Wahrscheinlichkeit $\frac{1}{2}$ zu e zurück, d.h. im Durchschnitt kommt vom Regelbaum nur mehr jede zweite Katze zurück.

In jener Zeit lebte auch die Katze Mia. Die Bewohner von Arbokat begannen damals, mit verschiedenen neuen Baumformen

zu experimentieren; diese neuen Baumformen lieferten einige alteingesessene Baumschulen. Es war nämlich so, daß die Arbokatianer mit ihrem Grundtypus des guten Baumes keine Freude mehr hatten; dieser Baum hatte ja gar keine Äste, er entsprach nicht den modernen ästhetischen Vorstellungen und es wurde sogar vorgeschlagen, ihn gar nicht mehr als Baum zu bezeichnen.

Eine der neu gezüchteten Formen sah so aus:

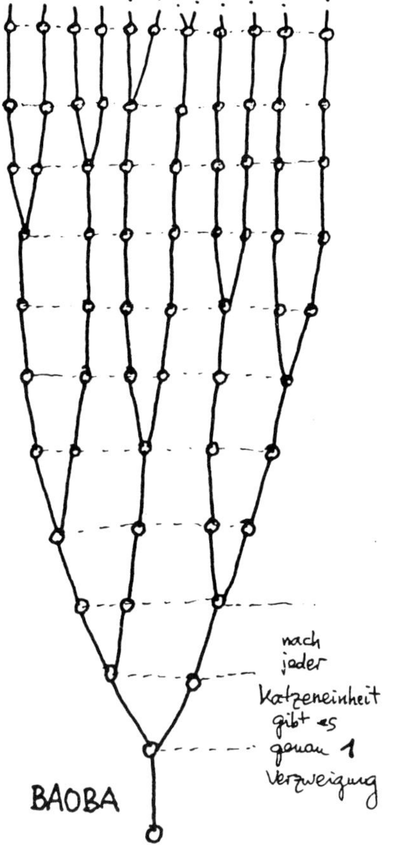

Aber niemand wußte wirklich, ob das ein guter oder ein schlechter Baum sei. Er bekam jedenfalls den Namen BAOBA.

Und so entschlossen sich Mia und ihr Menschenfreund zu einem Experiment (viele rieten ihnen ab und meinten, das zeige ja gar nichts).

„Ich will auf Baoba klettern, vielleicht bekommen wir so heraus, ob Baoba ein guter oder ein schlechter Baum ist", sagte Mia. Ihr Menschenfreund war einverstanden. Und Mia kletterte hinauf, weiter und immer weiter und entschwand schließlich.

Und hier endet das Märchen tragisch: Mia kam nicht und nicht zurück und ist bis heute noch nicht zurück.

Und wenn Mia nicht gestorben ist, so lebt sie heute noch und klettert weiter durch BAOBA.

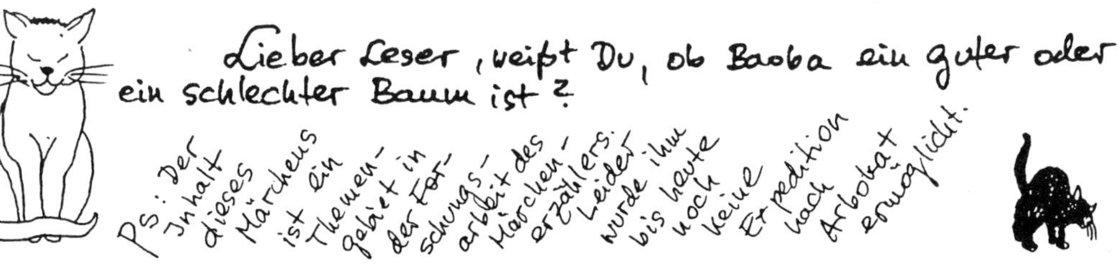

Lieber Leser, weißt Du, ob Baoba ein guter oder ein schlechter Baum ist?

PS: Der Inhalt dieses Märchens ist ein Themengebiet in der Forschungsarbeit des Märchenerzählers. Leider wurde ihm bis heute noch keine Expedition nach Arbokat ermöglicht.

COMPUTERTOMOGRAPHIE –
EINE VERBINDUNG MATHEMATIK – MEDIZIN

Helge Hagenauer

Ein wichtiges Hilfsmittel in der medizinischen Diagnose ist die Computertomographie, kurz CT genannt. Was hat dies mit Mathematik zu tun? Sehr viel! Die Grundlage der CT stellt die Mathematik zur Verfügung und die Realisierung der theoretisch erstellten Methoden wird, die der Name schon sagt, mit Hilfe des Computers durchgeführt.

Wie funktioniert die Computertomographie? Es werden nur einzelne Körperquerschnitte mittels Röntgenaufnahmen für sich betrachtet. Dies hat den Vorteil, daß der Einfluß von anderen Schichten weitgehend ausgeschaltet ist. Das Problem dabei ist aber, wie erhält man die Information von Punkten die innerhalb des Körpers liegen? Denn ein Röntgenstrahl, der den Körper durchdringt, passiert auch andere Punkte, die ihn beeinflußen. Das heißt also, der aus dem Körper wieder austretende und dann gemessene Strahl beinhaltet die Informationen über alle jene Punkte, die er auf seinem Weg passiert hat. Deshalb ist es auch unmöglich aus einer solchen Aufnahme bereits ein Bild des betrachteten Körperquerschnittes zu erstellen. Daher werden weitere Aufnahmen dieser Schicht aus verschiedenen Richtungen gemacht und die so erhaltenen Daten gesammelt. Mit diesen ist es nun möglich ein Bild zu rekonstruieren, das nur diesen einen Querschnitt betrifft. Fig.1 zeigt eine einfache schematische Darstellung der Geometrie einer Aufnahmetechnik.

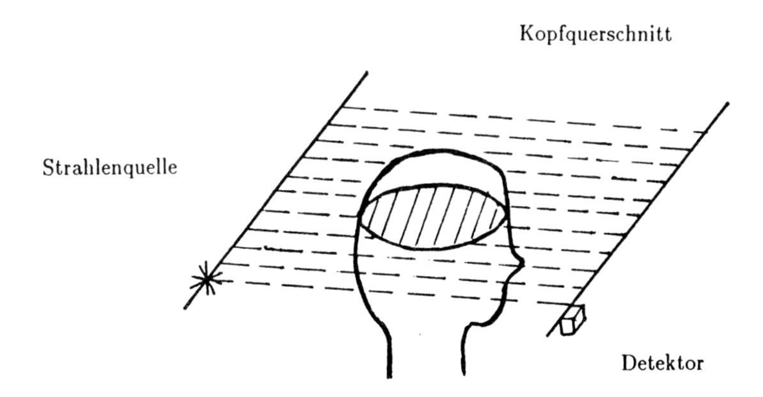

Fig.1: Schematische Darstellung der CT–Technik für eine Richtung

Der hauptsächlich in Breslau und Wien wirkende österreichische Mathematiker Johann Radon (1887 - 1956) entwickelte das grundlegende Verfahren der Computertomographie - die nach ihm benannte *Radontransformation*. Dabei wird einer Funktion, hier im 2-dimensionalen Fall, ihre Projektion mittels Linienintegralen zugeordnet. Zu einer vorgegebenen Richtung werden über parallel laufenden Geraden die jeweiligen Integrale der gegebenen Funktion gebildet. Dies geschieht, da in der Theorie der stetige Fall betrachtet wird, für alle möglichen Richtungen. Aus den auf diese Art und Weise erhaltenen Daten ist es nun möglich durch eine Rückprojektion die ursprüngliche Funktion wieder zu gewinnen. Erst die moderne Computertechnologie erlaubte es dieses Verfahren in der Praxis anzuwenden und in vertretbarer Zeit zu einem Ergebnis zu kommen.

Die Radontransformation beschreibt genau den Vorgang der Erstellung der einzelnen Röntgenbilder. Das Objekt, beziehungsweise der Körperteil, wird durch eine Funktion repräsentiert, dem sogenannten Dämpfungskoeffizienten. Dieser gibt an, wie stark ein Röntgenstrahl beim Durchdringen einer Substanz absorbiert wird. Damit ergibt sich auch die Ortsabhängigkeit dieser Funktion.

Das heißt, auf seinem Weg durch den Körper wird dieser Strahl in seiner Intensität unterschiedlich geschwächt und die Summe aller dieser Veränderungen wird gemessen. Dieser Wert entspricht dem Linienintegral des Dämpfungskoeffizienten entlang der Geraden, die durch den Röntgenstrahl gegeben ist. Um die Erfordernisse der Rückprojektion zu erfüllen, sind Messungen aus verschiedenen Richtungen notwendig (Fig.2). Die so gesammelten Daten werden im Computer ausgewertet und für jeden Punkt (Bildpunkt) wird der Dämpfungskoeffizient rückgerechnet. Daraus läßt sich dann die entsprechende Substanz ermitteln. Soll etwa ein Schwarz–Weiß–Bild erstellt werden, so ordnet man jedem Bildpunkt einen Helligkeitsgrad zu, der sich nach dem entsprechenden Wert des Dämpfungskoeffizienten richtet. Bei Farbbildern geschieht dies analog mit verschiedenen Farben.

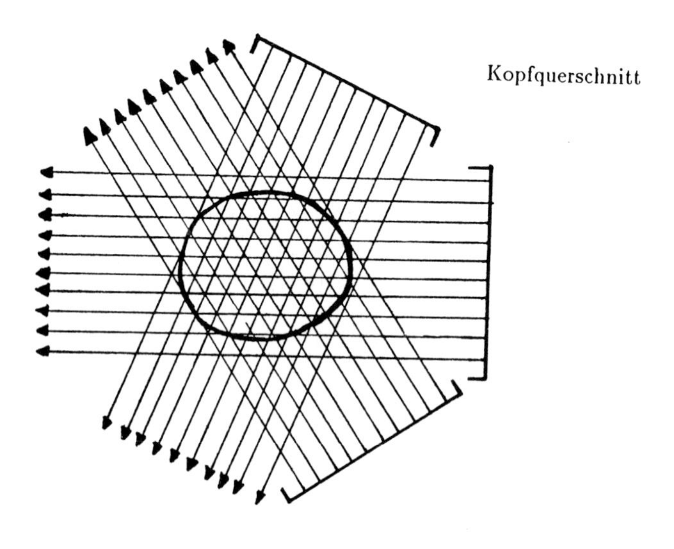

Fig.2: Verschiedene Aufnahmerichtungen

In der praktischen Anwendung entstehen einige zu lösende Fragen. Da es sich bei der Radontransformation und deren Rückprojektion um stetige Verfahren handelt, ist zu klären wieviele Richtungen gewählt werden und wie oft pro Richtung gemessen wird. Diese Werte hängen von der Geometrie der Meßanordnung ab und werden individuell bestimmt.

Ein zweites Problem ist rein mathematischer Natur. Es geht dabei um geeignete numerische Verfahren um einerseits die Rückprojektion durchzuführen und andererseits notwendige Filterungen einzubauen, die eine bessere Bildqualität ermöglichen. Dazu ist es notwendig eine große Anzahl von Rechenoperationen durchzuführen. Somit wird auch klar, daß das Verfahren erst durch Computer praktisch einsetzbar wurde.

Ein noch nicht ganz zufriedenstellend gelöstes Problem ist jenes der Streustrahlung. Da ein Röntgenstrahl nicht nur absorbiert, sondern ein Teil davon beim Zusammentreffen mit Materie auch gestrut wird, entstehen bei den Meßdaten nicht erwünschte Beeinträchtigungen, die sich auf die Bildqualität auswirken.

An der in Fig.1 dargestellten Geometrie werden für die Praxis einige Umstellungen vorgenommen, die aber am eigentlichen Prinzip nichts ändern. Üblicherweise bleibt der Patient stationär und das System aus Röntgenstrahlenquelle und Detektor rotiert um ihn. Es ist sehr wichtig, daß der Patient möglichst keine Bewegung durchführt, selbst ein Atemzug wirkt sich negativ auf das Ergebnis aus. Deshalb ist man bestrebt die Aufnahmezeit so zu verkürzen, daß während dieser der Atem angehalten werden kann. Erreicht wird dies, indem man mehrere Strahlenquellen und Detektoren einsetzt, die gleichzeitig arbeiten. Computertomographen der ersten Generation benötigten etwa 4 Minuten um die notwendeigen Messungen durchzuführen. Bei den neueren Maschinen wird dafür eine Zeitspanne von 5 bis 10 Sekunden veranschlagt. Auch die Auswertung der gesammelten Daten geht immer schneller vor sich, da die Rechenleistungen der Computer wesentlich besser geworden sind.

Die Computertomographie zeigt also, wie nicht triviale mathematische Methoden in der Praxis Bedeutung erlangen. Ohne Radontransformation und ohne Verfahren aus der numerischen Mathematik wäre dieses Diagnosehilfsmittel heute nicht denkbar.

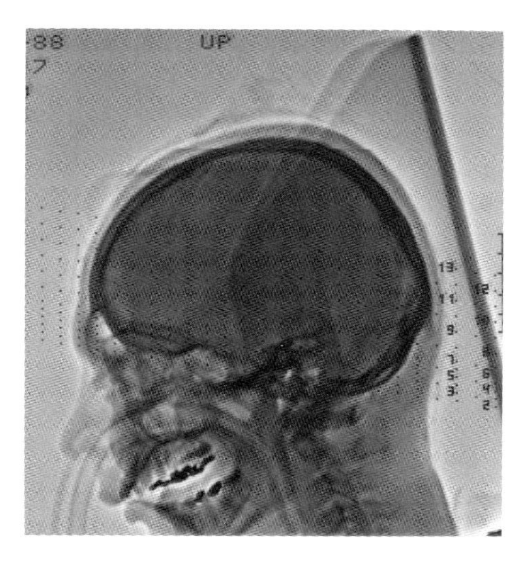

Fig.3 CT–Bild eines Kopfes

Wüstenrot-Jugendbausparen und -Versicherung

Ein guter Kurs.

➡ Sie gewinnen, wenn Sie 1988 einen Wüstenrot-Berater finden. ➡

Die Richtung, die Sie jetzt einschlagen, kann für Sie zukunftsweisend sein. Deshalb sollten Sie auch wissen, daß Wüstenrot-Jugendbausparen immer einen guten Kurs fährt: Mit 4,5 statt 3 Prozent Zinsen. Oder Sie beginnen bereits jetzt, mit einer Lebensversicherung ein kleines Vermögen aufzubauen. Je früher Sie damit beginnen, desto attraktiver ist später Ihr Vermögen. Mehr als 4.000 Wüstenrot-Berater stehen gerne für eine ausführliche Beratung zur Verfügung.

Ich möchte gewinnen.

Name ____________________

Adresse ____________________

____

Ich bin am __________ *geboren.*

☐ *Außerdem würde ich gerne wissen, wo ich meinen nächsten Wüstenrot-Berater finden kann.*

Bitte an Wüstenrot, 5021 Salzburg, schicken.

ANMERKUNGEN ZU EINEM TEILGEBIET DER ZAHLENTHEORIE

Peter **Hellekalek** und Gerhard **Larcher**

Die Zahlentheorie beschäftigt sich mit Eigenschaften ganzer Zahlen und mit solchen Eigenschaften reeller Zahlen, die sich auf Beziehungen zwischen ganzen Zahlen zurückführen lassen. Probleme der Zahlentheorie lassen sich häufig leicht erklären, aber sehr oft nur schwer lösen. Dazu einige Beispiele:

Es bezeichne **Z** die Menge der (positiven und negativen) ganzen Zahlen, $\mathbf{Z} = \{..., -2, -1, 0, 1, 2, ...\}$.

Besonders interessante ganze Zahlen sind die Primzahlen. Dies sind jene ganzen Zahlen p größer als Eins, die nur durch die ganzen Zahlen ± 1 und $\pm p$ teilbar sind, also die Zahlen 2, 3, 5, 7, 11, 13, 17, 19, 23, ...

Wie bereits der griechische Mathematiker Euklid (ungefähr 300 v.Chr.) beweisen konnte, gibt es unendlich viele Primzahlen. Bis heute ist es ein schwieriges Problem geblieben, große Primzahlen zu finden. (Die größte bisher bekannte Primzahl ist die Zahl $2^{8643} - 1$ eine Zahl mit 25 962 Ziffern.)

Diese Fragestellung hat für die Absicherung wichtiger Computerprogramme und geheimer Funksprüche gegen unerwünschte Interessenten besondere praktische Bedeutung erlangt.

Zwei berühmte (neben vielen anderen) noch ungelöste Probleme zu den Primzahlen lauten:

Goldbachsches Problem: Ist jede gerade ganze Zahl größer als 2 als Summe zweier Primzahlen darstellbar? (z.B.: 22 = 17 + 5 = 11 + 11, 1988 = 1951 + 37)

Problem der Primzahlzwillinge: Gibt es unendlich viele Zahlenpaare (p, p + 2), wo p und p + 2 Primzahlen sind? (z.B.: (3,5), (5,7), (11,13), ..., (101,103), ...)

Es bezeichne **R** die Menge der reellen Zahlen, $\mathbf{R} = \{a + 0.\alpha_0\alpha_1\alpha_2... : a \in \mathbf{Z}, \alpha_i \in \{0, 1, ..., 9\}, i = 0, 1, 2, ...\}$ (In Worten: Reelle Zahlen haben die Form $a.\alpha_0\alpha_1\alpha_2\ldots$, wobei a eine ganze Zahl ist und jede "Ziffer" α_i aus der Menge $\{0, 1, 2, 3, 4, 5, 6, 7, 8, 9\}$ stammt.) (z.B.: $\frac{3}{2} = 1.5, \sqrt{2} = 1.4..., \frac{2}{3} = 0.6666...$)

Mit π wird in der Mathematik die Fläche eines Kreises mit Radius Eins bezeichnet. Ein Tastendruck auf einen von vielen Taschenrechnern liefert die Anzeige

$$\pi = 3.14159265359$$

π ist also eine reelle Zahl. Man weiß , daß dieser Zahlenwert nicht exakt ist. π weist unendlich viele Ziffern hinter dem Komma auf. Von diesen unendlich vielen Ziffern hinter dem Komma ist bekannt, daß sie sich nicht periodisch wiederholen können (das heißt, daß π nicht rational, also nicht in der Form $\pi = \frac{p}{q}$ mit $p, q \in \mathbf{Z}$ darstellbar ist).

Es ist aber unbekannt, ob etwa jede der Ziffern 0,1,2,...,9 unendlich oft hinter dem Komma auftritt, und man weiß erst recht nicht, ob jede der Ziffern im Mittel gleich häufig auftritt.

Man kennt reelle Zahlen, in denen jede Ziffer gleich häufig (mit der relativen Häufigkeit $\frac{1}{10}$) aufscheint; ja in denen sogar jeder Ziffernblock endlicher Länge (z.B.: 19, 919293 usw.) mit der ihm zukommenden Regelmäßigkeit vorkommt (d.h. ein Block von N Ziffern tritt mit der Häufigkeit $\frac{1}{10^N}$ auf). Etwa besitzt die Zahl

$$0.123456789101112131415161718192021 22\ldots$$

diese Eigenschaft.

In der Theorie der Gleichverteilung von Folgen (einem Teilgebiet der Zahlentheorie) beschäftigt man sich mit solchen und ähnlichen Problemen.

Das folgende Beispiel soll nun illustrieren, daß sich Aussagen solcher rein theoretischer Art für sehr konkrete, praktische Fragestellungen verwenden lassen.

(Dabei soll gleich im vorhinein angemerkt werden, daß das folgende Verfahren nur zur Illustration dient und in dieser Form, für dieses konkrete Problem, nicht zur Anwendung kommt)

Es sei der Wasserinhalt eines Sees mit, der Einfachheit halber, quadratischer Oberfläche näherungsweise zu bestimmen

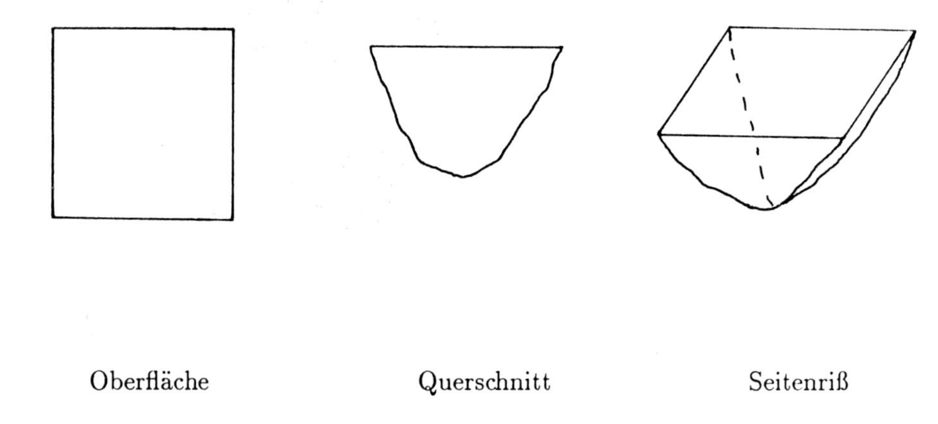

Oberfläche Querschnitt Seitenriß

Wäre der See an jeder Stelle genau gleich tief, so wäre das Volumen einfach gegeben durch

$$\text{Volumen} = \text{Oberfläche} \,.\, \text{Tiefe}$$

Im allgemeinen wird das jedoch nicht der Fall sein und man wird auf das folgende einleuchtende Verhältnis

$$\text{Volumen} = \text{Oberfläche} \,.\, \text{durchschnittliche Tiefe}$$

zurückgreifen.

Zur Illustration dieser Beziehung ein ganz einfaches Beispiel: Sei die Oberfläche des Sees in vier gleich große Quadrate aufgeteilt, und habe der See in den einzelnen Teilquadraten jeweils die Tiefen t_1, t_2, t_3, t_4. Die Seitenlänge der quadratischen Oberfläche sei (jetzt und im folgenden) gleich a.

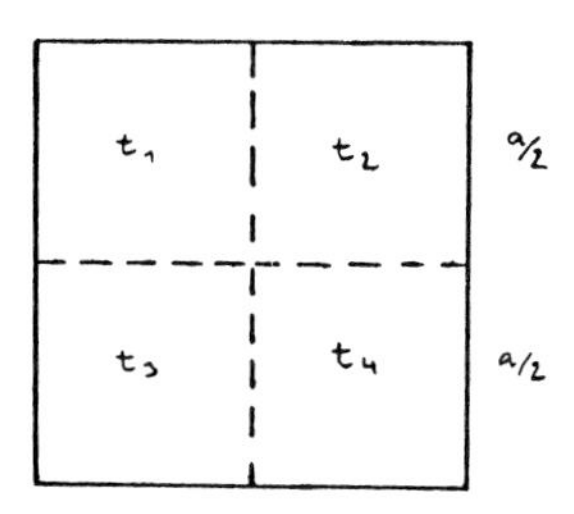

Das Volumen des Sees ist dann offenbar

$$\left(\frac{a}{2}\right)^2 \cdot t_1 + \left(\frac{a}{2}\right)^2 \cdot t_2 + \left(\frac{a}{2}\right)^2 \cdot t_3 + \left(\frac{a}{2}\right)^2 \cdot t_4 = a^2 \cdot \left(\frac{t_1 + t_2 + t_3 + t_4}{4}\right)$$

also gleich der Oberfläche mal der durchschnittlichen Tiefe.

Um obige Beziehung mathematisch genauer zu fassen: legen wir die Oberfläche des Sees auf folgende Weise in ein Koordinatensystem:

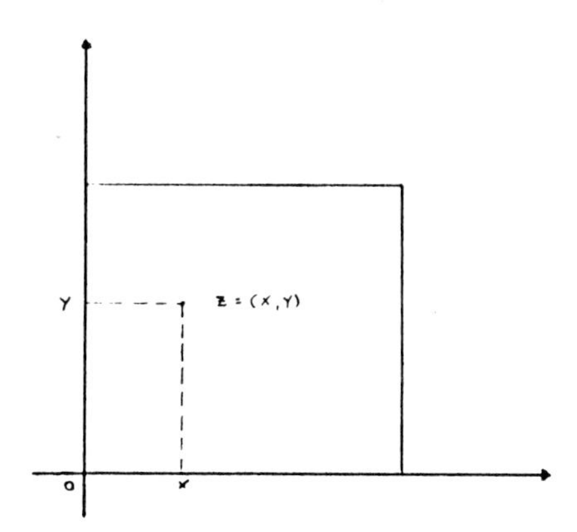

Sei mit $t(z) = t(x, y)$ die Tiefe des Sees an der Stelle $z = (x, y)$ bezeichnet, dann ist die durchschnittliche Tiefe D(T) des Sees durch das Integral

$$D(T) = \frac{1}{a^2} \int_0^a \int_0^a t(x, y) dx dy$$

und das Volumen V durch

$$V = a^2 \cdot D(T) = \int_0^a \int_0^a t(x, y) dx dy$$

gegeben.

Um unser Problem zu lösen, gilt es also, das Integral $\int_0^a \int_0^a t(x,y)dxdy$ oder die durchschnittliche Tiefe des Sees zu bestimmen.

Nun ist aber die Tiefenfunktion natürlich nicht explizit und wirklich in jedem Punkt bekannt, und auch wenn sie bekannt wäre, ließe sich im allgemeinen (vor allem wenn die Funktion sehr kompliziert ist) das Integral nicht exakt berechnen.
Man wird also die durchschnittliche Tiefe und somit das Integral praktisch, durch eine Reihe von Probemessungen, näherungsweise bestimmen müssen.
Das heißt, man wird an einigen (etwa N) Punkten $z_1, z_2, ..., z_N$ auf der Oberfläche des Sees die Tiefen $t(z_1), t(z_2), ..., t(z_N)$ messen und dann den durchschnittlichen Wert W dieser Ergebnisse

$$\frac{W = t(Z_1) + t(Z_2) + ... + t(Z_N)}{N}$$

als Näherungswert für die tatsächliche durchschnittliche Tiefe ansehen.

Wenn man die Anzahl N der Probemessungen groß, die Punkte $Z_1, Z_2, ..., Z_N$ auf der Oberfläche gut und regelmäßig verteilt und der Seeboden nicht allzu stark gegliedert ist, so wird sich der Näherungswert W tatsächlich nicht allzu weit vom wahren Wert unterscheiden. Das heißt: Der Unterschied F von W zu D(T) also

$$F = |W - D(T)| = |W - \frac{1}{a^2} \int_0^a \int_0^a t(x,y)dxdy|$$

wird klein sein.

Angenommen man weiß , daß der Boden des Sees relativ glatt ist, (in mathematischer Fassung: Daß etwa die ersten partiellen Ableitungen von t existieren und stetig sind) und daß wir Zeit und Mittel für N Probemessungen haben. So erhebt sich nun die Frage: Wie muß man die Stellen $Z_1, ..., Z_N$ für die Probemessung über den See verteilen, so daß der Fehler F möglichst klein wird.

Eine erste naheliegende Idee wäre, die Punkte in einem regelmäßigen Gitter über die Oberfläche zu verteilen, also etwa für N = 16 in der folgenden Form:

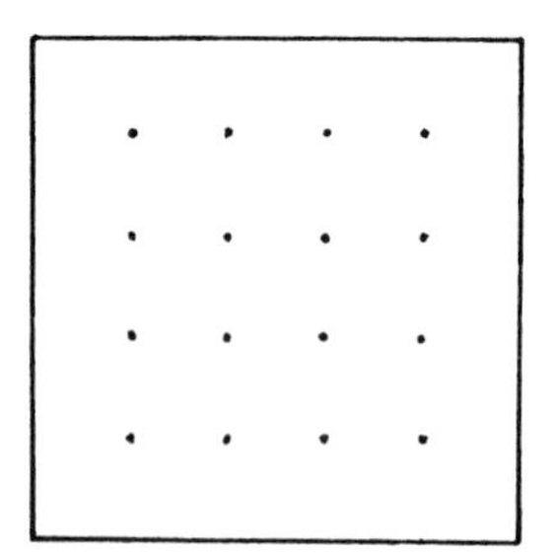

Verteilung G

Bei einer näheren Analyse dieser Punkteverteilung wird es sich allerdings erweisen, daß diese Anordnung aus einigen Gründen nicht günstig ist. Das ist auf die folgende Betrachtung zurückzuführen, daß (siehe folgende Figur) zwischen den Geraden g_1 und g_2 bzw. h_1 und h_2 auf denen jeweils eine Reihe von Punkten aufgefädelt sind, in einem ziemlich breiten Streifen kein Meßpunkt liegt, ein relativ großer Bereich also schlecht durch Messungen erfaßt ist.

Es dürfte also günstiger sein, manche der auf g_1 und g_2 bzw. h_1 und h_2 sowie der dazu parallelen Geraden liegenden Meßpunkte nach rechts oder links bzw. nach oben oder unten zu versetzen.

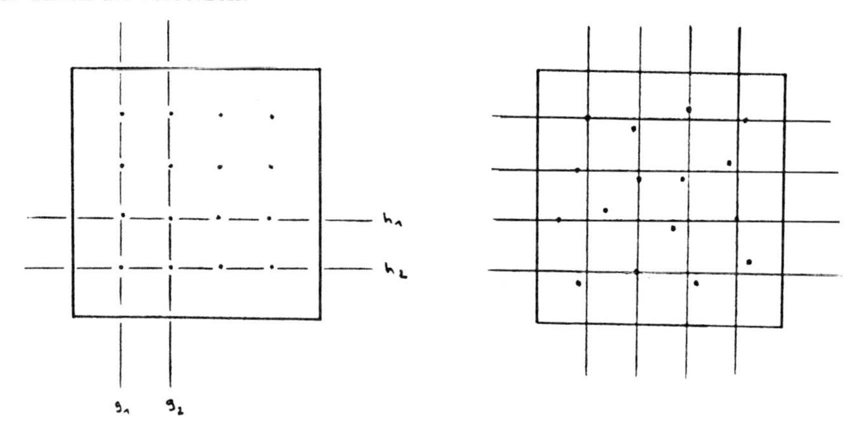

vielleicht besser

Wie soll nun diese Änderung systematisch durchgeführt werden; und, wenn das geklärt ist, wie kann man sich vergewissern, daß die neue Punkteverteilung wirklich bessere Resultate liefert?

Im weiteren setzen wir (zur Vereinfachung der Schreibweise) a = 1, und betrachten dann ein weiteres Beispiel einer Punkteverteilung von N Punkten:

Für eine positive reelle Zahl $x = a + 0.\alpha_0\alpha_1\alpha_2...$ bezeichne $\{x\}$ den nicht ganzzahligen Anteil von x, also $\{x\} = 0.\alpha_0\alpha_1\alpha_2....$ (z.B.: $\{\Pi\} = 0.1415....$)

Seien weiters N und b ganze Zahlen und der Punkt $Z_i := (x_i, y_i)$ gegeben durch

$$x_i = \frac{i}{N} \quad \text{und} \quad y_i = \{\frac{i.b}{N}\} \quad \text{für} \quad i = 1, 2, ..., N.$$

Auf diese Weise erhält man wiederum eine Verteilung von N Punkten auf unserer quadratischen Oberfläche.

Dazu ein Beispiel:

<u>Beispiel:</u> N = 21 b = 8

i	1	2	3	4	5	6	7	8	9	10	11	12	13	14	15	16	17	18	19	20	21
x_i	$\frac{1}{21}$	$\frac{2}{21}$	...	...	...	...	...	...	...	...	...	...	...	...	...	...	...	...	...	$\frac{20}{21}$	1
y_i	$\frac{8}{21}$	$\frac{16}{21}$	$\frac{3}{21}$	$\frac{11}{21}$	$\frac{19}{21}$	$\frac{6}{21}$	$\frac{14}{21}$	$\frac{1}{21}$	$\frac{9}{21}$	$\frac{17}{21}$	$\frac{4}{21}$	$\frac{13}{21}$	$\frac{20}{21}$	$\frac{7}{21}$	$\frac{15}{21}$	$\frac{2}{21}$	$\frac{10}{21}$	$\frac{18}{21}$	$\frac{5}{21}$	$\frac{13}{21}$	1

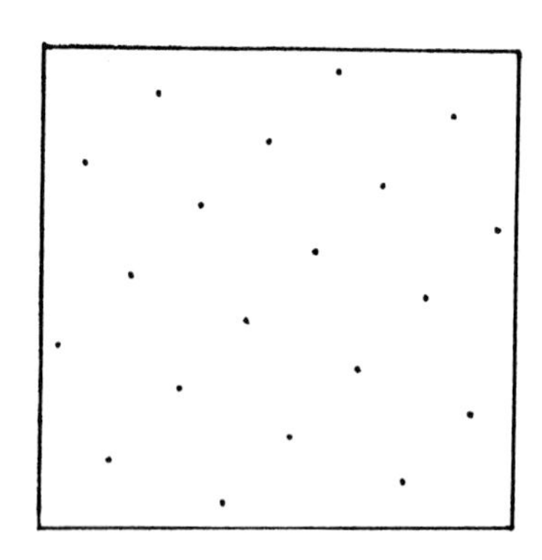

Auch diese Punkteverteilung ist sehr regelmäßig. Diese Regelmäßigkeit hängt (bei vorgegebenem N) aber offenbar von der Wahl der Zahl b ab. (Etwa erhält man im obigen Beispiel für $b = 1$ oder $b = 7$ oder $b = 10$ sehr viel unregelmäßigere Verteilung) Und es erweist sich, daß sich für Funktionen t mit obigen Voraussetzungen, Gitter dieser Art, für geeignete b und N zur näherungsweisen Berechnung des Integrals sehr viel besser eignen als die Verteilung der Punkte im gleichmäßigen Gitter.
Diese Tatsache drückt sich im Vergleich der folgenden beiden Ergebnisse aus, die in diesem Zusammenhang natürlich nicht bewiesen werden können:

Resultat 1: Ermittelt man die durchschnittliche Tiefe D(T) näherungsweise mit Hilfe des gleichmäßigen Gitters von N Punkten (N muß hierfür natürlich eine Quadratzahl sein) und erhält man dabei den Wert W so gilt daß der Fehler

$$|W - D(T)| \quad \text{höchstens} \quad c.\frac{1}{\sqrt{N}}$$

Meßeinheiten beträgt, wobei c eine feste Konstante ist.

Resultat 2: Ermittelt man die durchschnittliche Tiefe D(T) näherungsweise mit Hilfe eines Gitters wie es im Beispiel erklärt wurde, so gilt: Für jede ganze Zahl N kann man ein b finden, sodaß der Fehler

$$|W - D(T)| \quad \text{höchstens} \quad c.\frac{\log N . \log\log N}{N}$$

Meßeinheiten beträgt.

Die beiden Größen $\frac{1}{\sqrt{N}}$ und $\frac{\log N . \log\log N}{N}$ und somit der Fehler $|W - D(T)|$ gehen mit wachsendem N immer näher gegen Null.
Doch strebt der zweite Ausdruck noch sehr viel schneller gegen Null als der erste, wie man aus der folgenden Tabelle ersehen kann:

N	1000	1000000	1000000000
$\frac{1}{\sqrt{N}}$	0.0316...	0.001	0.000031...
$\frac{\log N \cdot \log \log N}{N}$	0.0133...	0.000036...	0.000000062...

Es scheint also vorteilhaft, Punkteverteilungen der zweiten Art zu verwenden. Das Problem dabei besteht allerdings darin, daß nur bekannt ist, daß zu jedem N ein günstiges b existiert, es ist aber nicht bekannt, welche b für welche Zahlen N günstig sind.

Diese Frage nun, welche Zahlen b für eine vorgegebene Zahl N ein gutes Gitter liefern, führt auf schwierige zahlentheoretische Probleme, auf Fragen nach bestimmten Abhängigkeiten zwischen den beiden ganzen Zahlen.

Viele Probleme sind in diesem Zusammenhang noch ungelöst.

Man weiß zum Beispiel:

Sei $F_o = F_1 = 1$ und für $n \geq 2 : F_n = F_{n-1} + F_{n-2}$, also

$$F_2 = 2, F_3 = 3, F_n = 5, F_5 = 8, F_6 = 13, F_7 = 21, F_8 = 34, \ldots.$$

Wählt man für ein beliebiges n :

$$N = F_n \quad \text{und} \quad b = F_{n-1} \quad \text{oder} \quad b = F_{n-2}$$

so ist diese Wahl günstig: (z.B.: $n = 7, N = 21, b = 8$ ergibt obiges Beispiel)

Diese verfeinerten Verfahren kommen natürlich nicht bei Problemen von der Art unseres motivierenden Beispiels zur Anwendung. Vielmehr spielen sie eine große Rolle bei der näherungweisen Berechnung hochdimensionaler komplizierter Integrale, wie sie häufig in Technik und Physik auftreten, und erst dann, wenn mit Hilfe leistungsfähiger elektronischer Anlagen die Anzahl N der Stichproben sehr hoch gewählt werden kann.

ANWENDUNG MATHEMATISCHER METHODEN ZUR BERECHNUNG MECHANISCHER GRÖSSEN IM RAHMEN EINES CAD-SYSTEMS

F. Kinzl

Am Institut für Mathematik der Universität Salzburg wurde ein CAD-Programmpaket für Microcomputer entwickelt (CAD = Computer Aided Design und bedeutet soviel wie rechnerunterstützes Konstruieren). Solche CAD-Systeme können überall dort eingesetzt werden, wo der Computer im Zusammenhang mit graphischen Darstellungen Verwendung findet, so z.B. bei technischen Konstruktionen, Werbegraphiken, Architekturzeichnungen, usw. So hat man gerade in der Technik die verschiedensten Berechnungen durchzuführen, die sowohl geometrischer als auch mechanischer Natur sind. Viele Aufgaben dieser Art führen auf Integrationen (wobei nicht nur einfache, sondern auch mehrfache Integrale auftreten können).

Ein wichtiges Teilgebiet der Mathematik ist die sogenannte Numerische Mathematik, welche die verschiedensten Methoden und Verfahren zur numerischen Berechnung eines vorgegebenen Integrals anbietet. Bevor man jedoch eines der bekannten Verfahren verwendet, hat man eine genaue Analyse der Verfahrensfehler und der Daten- bzw. Rechenfehler durchzuführen. Es seien kurz diese "Fehler" erklärt.

Rechenfehler: In der Mathematik ist der Zahlenbereich unendlich und jede Zahl kann (zumindest theoretisch) genau dargestellt werden, jede Rechnung kann (zumindest theoretisch) genau ausgeführt werden. Auch können (zumindest theoretisch) unendlich viele Operationen ausgeführt werden (z.B. unendliche Summe, Grenzwertberechnungen). Jeder Computer aber ist ein endlicher Automat, d.h. sein Zahlenbereich ist stets ein endlicher Bereich, er kann nur endlich viele Operationen ausführen. Die reellen Zahlen werden durch den endlichen Bereich der Maschinenzahlen approximiert. Operationen mit Maschinenzahlen müssen im allgemeinen keine Maschinenzahl mehr ergeben, bei jedem Rechenvorgang mit Maschinenzahlen entstehen Fehler durch Rundung. Ein kleines Beispiel möge das verdeutlichen:

$\frac{5}{3} + \frac{16}{11} = \frac{103}{33} \qquad \frac{5}{3} \cdot \frac{16}{11} = \frac{80}{33}$ (exakte Rechnungen)

$\frac{5}{3} \approx 1.666666667, \qquad \frac{16}{11} \approx 1.454545455$ (jeweils gerundet)

Werden die gerundeten Zahlen (Maschinenzahlen) addiert bzw. multipliziert, so erhält man 3.121212122 bzw.2.424242425, während $\frac{103}{33} \approx 3.121212121$ bzw. $\frac{80}{33} \approx 2.424242424$ ist. Die letzte Stelle ist also schon unsicher.

Nun sind bei der numerischen Integration vor allem die Additionsfehler von Bedeutung, denn die Integration wird durch einen endlichen Summationsprozeß simuliert. Der Gesamtrechenfeler nimmt mit der Anzahl der Summanden (d.h. mit der Feinheit der Einteilung des Integrationsbereiches) zu. Es empfiehlt sich, bei numerischer Integration mit doppelter Genauigkeit (DOUBLE PRECISION) zu rechnen, dadurch kann im allgemeinen der Gesamtrechenfehler hinreichend klein gehalten werden.

Verfahrensfehler: Die Integration ist ein unendlicher Summationsprozeß , der durch ein endliches Modell zu approximieren (oder man sagt auch - zu simulieren) ist. Man wird jenes Verfahren wählen, solches bei exakter mathematischer Berechnung den kleinstmöglichen (Approximations)Fehler liefert, wobei der Rechenaufwand möglichst gering sein soll (diese Nebenbedingung ist trotz modernster Computer wegen der Rechenfehler sehr zu beachten). Weiters hat man die sogenannte Stabilität des Verfahrens (Algorithmus) zu beachten, das heißt man hat so ein Verfahren zu wählen, welches auch in endlicher Arithmetik richtig abläuft. Unter "richtig" meint man dabei, daß die Rundungsfehler den Ablauf nicht zu sehr stören. Bei stabilen Algorithmen ist das vom Computer berechnete (und durch Rundungsfehler verfälschte) Resultat gleich dem exakten Resultat von leicht geänderten Anfangsdaten.

Datenfehler: Fehler in den vorgegebenen Werten oder Fehler aus einer Prozedur (Funktionen) berechneten Werten sind bzgl. der Integration als Datenfehler anzusehen. Man bezeichnet die Empfindlichkeit des mathematischen Problems gegen Datenänderung als Kondition. Bei geringer bzw. starker Empfindlichkeit bezüglich Datenfehler wird die Kondition gut bzw. schlecht bezeichnet. Für die numerische Integration gilt, daß die Empfindlichkeit bezüglich Datenfehler im mathematischen Problem und in der numerischen Näherung gleich ist.

Überblickt man das bisher Gesagte, so hat man bis zur konkreten Anwendung eines numerischen Verfahrens zur Integration eine Menge Arbeit zu verrichten, um einigermaßen Gewißheit über die Genauigkeit des Resultates zu erhalten.

Ich möchte nun zwei Anwendungsbereiche von Integration vorführen, die in unseren CAD-Programmen Verwendung gefunden haben: Berechnung der Länge eines Ellipsenbogens (Auswertung eines einfachen sog. elliptischen Integrales) und Berechnung von Drehmomenten und Trägheitsmomenten einer homogenen Platte (Auswertung von Doppelintegralen). Dabei konnten jedoch die Methoden der klassischen numerischen Integration vermieden werden. Teilweise habe ich auch mögliche andere Varianten der numerischen Behandlung aufgezeigt, die auf der Genesis des Integrals Bezug nehmen (so bei der Länge des Ellipsenbogens). In beiden Fällen habe ich aber klassische Methoden der Analysis verwendet, die zum Teil auch direkt verwertbare Formeln relativ einfacher Natur liefern, wodurch eine Fehleranalyse überflüssig wird. Ich möchte darauf hinweisen, daß mit der nun folgenden Vorstellung "direkter Integration" an zwei Beispielen keine Abwertung der Numerischen Mathematik ausgedrückt werden soll. Es soll aufgezeigt werden, daß numerische Integration problemspezifisch zu behandeln ist und daß auch der Versuch, nach direkten Verfahren Ausschau zu halten, lohnend sein kann.

1. Berechnung der Länge eines Ellipsenbogens

Um die Länge eines "glatten" Kurvenstückes zu berechnen, kann man folgendermaßen vorgehen: Man denke sich vom Anfangspunkt bis zum Endpunkt auf der Kurve eine Anzahl von Punkten gegeben und man verbinde diese Punkte durch Strecken. Die Summe der Streckenlängen wird eine erste Annäherung an die Länge der Kurve sein. Je feiner man die Einteilung macht, umso besser wird man sich der Kurvenlänge nähern (man vergleiche dazu die Aufgabe aus der Schule, den Kreisumfang mittels eingeschriebener regelmäßiger Vielecke zu approximieren). In der Analysis zeigt man, daß sich die Kurvenlänge durch ein Integral darstellen läßt.

Wir wollen die Länge eines Ellipsenbogens berechnen. Dazu stellt man sich die Ellipse mit der Gleichung $b^2x^2 + a^2y^2 = a^2b^2$ (a = große Halbachse, b = kleine Halbachse) in einer anderen Form dar. Zu jedem Punkt $P = (x/y)$ der Ellipse gibt es genau einen Winkel t zwischen 0 und 360° (in der Mathematik verwendet man das Bogenmaß des Winkels, das wäre 2π anstelle 360°) sodaß $x = a.cost, y = b.sint$.

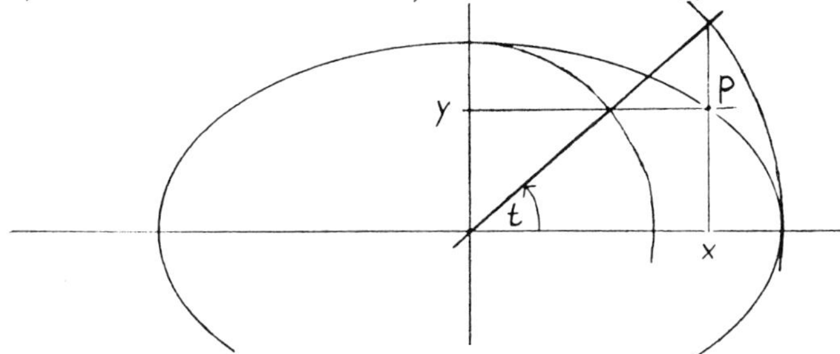

Wir betrachten nur ein Bogenstück, d.h. wir betrachten nur solche Punkte $P = (x = a.cost, y = b.sint)$, für die $0 \leq t \leq \phi$ und es soll $\phi < \pi/2$ (dh. $\phi < 90^o$) sein. Die gesuchte Kurvenlänge L ergibt sich als Produkt der großen Halbachse mit einem Integral, welches mit $E(\phi, k)$ bezeichnet wird, wobei ϕ die obere Grenze des Integrals und k die numerische Exzentrizität (auch Modul genannt) der Ellipse ist ($k = \sqrt{a^2 - b^2}/a$. Für $k = 0$ erhält man einen Kreis).

Nun ist aber $E(\phi, k)$ ein sogenanntes elliptisches Integral und es läßt sich nicht durch elementare Funktionen ausdrücken, wie z.B. durch Polynome, Exponentialfunktion, Logarithmus oder Winkelfunktionen darstellen (solche sind auf jedem Computer als "INTRINSIC FUNCTIONS" verfügbar).

Will man nun nicht eines der numerischen Integrationsverfahren anwenden, so hat man nun im wesentlichen zwei Möglichkeiten einer Berechnung des Integrals E (ϕ, k).

Die erste Möglichkeit besteht darin, daß man an die Genesis von E (ϕ, k) denkt und den Ellipsenbogen durch einen Streckenzug approximiert. Um überflüssige Rechnung zu vermeiden, wird man die Einteilung so treffen müssen, daß stärker gekrümmte Teile des Ellipsenbogens (d.h. Umgebung des Hauptscheitels) durch mehr Punkte besetzt sind als der flachere Teil (d.h. Umgebung des Nebenscheitels).

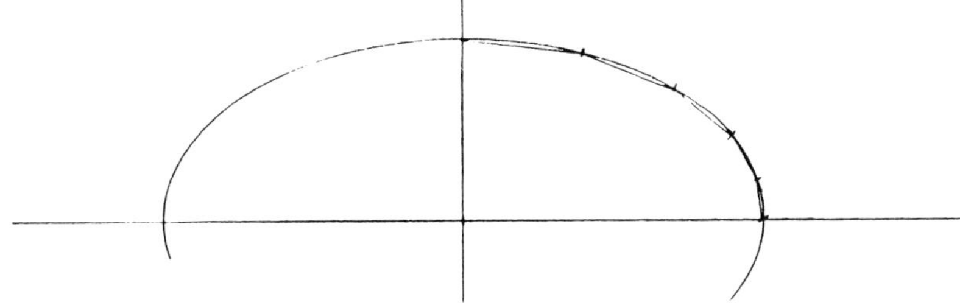

Eine noch bessere Approximation kann man erreichen, wenn man den Ellipsenbogen durch Kreisbögen ersetzt. Dies hat den Vorteil, daß durch den Hauptscheitelkreis und den Nebenscheitelkreis schon ein großer Teil des Ellipsenbogen gut approximiert wird. Diese Möglichkeit bedingt zwar mehr Rechenaufwand, liefert aber ein ziemlich genaues

Resultat. Programmtechnisch hat man eine neue SUBROUTINE zu schreiben, deren Aufgabe es ist, einen kleinen Ellipsenbogen durch einen Kreisbogen zu ersetzen.
So eine Subroutine war schon (für andere Zwecke) in unserem CAD-Paket vorhanden. Damit wäre im Prinzip die Berechnung der Länge des Ellipsenbogens als gelöst zu betrachten. (Es soll nicht verschwiegen werden, daß das Entwerfen des entsprechenden Programms noch mühevoll genug ist).

Eine zweite Möglichkeit zur Berechnung von $E(\phi, k)$ besteht in der numerischen Auswertung mit einer anderen Methode. Der Integrand von $E(\phi, k)$ kann als eine unendliche Reihe dargestellt werden, die gliedweise integriert werden darf. Die nun so entstandene Reihe ist aber nur für kleine k gut brauchbar (für $k < 0.02$ genügen schon etwa 10 Glieder, um eine Genauigkeit von 14 Stellen zu erhalten. Man möge beachten, daß bei solchen Berechnungen die REAL-Variablen mit doppelter Genauigkeit (DOUBLE PRECISION) zu rechnen ist). Bei größerem k ist die Reihenentwicklung wegen deren schlechten Konvergenz vollkommen unbrauchbar.

Ist die Reihenentwicklung für die Berechnung von $E(\phi, k)$ nicht brauchbar, so gibt es Transformationen, die den Modul k verkleinern. Solche gehen auf die Mathematiker Landen (1775) und Gauß zurück. Diese Transformationen verkleinern k auf ein gewisses k_1, sodaß $k_1 < k^2$ wird. Einige Wiederholungen dieser Transformationen reichen aus, um den Modul k auf beinahe 0 zu drücken. Man spricht dann von der absteigenden Landen- bzw. Gaußtransformation. Man kann auch die inversen Transformationen betrachten. Diese vergrößern den gegebenen Modul k auf ein k_1 mit $k_1 > \sqrt{k}$, sodaß wiederum nur einige wenige Wiederholungen der inversen Transformationen ausreichen, um den Modul k auf einen Wert sehr nahe bei 1 zu bringen. Man spricht von der aufsteigenden Landen- bzw. Gaußtransformation. Nun kann man sich eine der vier Transformationen wählen. Aus Gründen der einfacheren Programmierung habe ich dann die aufsteigende Landentransformation gewählt. Im Programm werden dann 5 Folgen konstruiert:

$$a_1 = \frac{1}{2}(a_0 + b_0), \quad b_1 = \sqrt{a_0 b_0}, \quad c_1 = \frac{1}{2}(a_0 - b_0), \quad k_1 = b_1/a_1, \quad \phi_1 = f(k_0, \phi_0)$$

$$a_2 = \frac{1}{2}(a_1 + b_1), \quad b_2 = \sqrt{a_1 b_1}, \quad c_2 = \frac{1}{2}(a_1 - b_1), \quad k_2 = b_2/a_2, \quad \phi_2 = f(k_1, \phi_1)$$

usw.
wobei die Startwerte $a_0 = 1, b_0 = k_0 = k, \phi_0 = \phi$ sind und f ist dabei eine Funktion von 2 Variablen, deren Werte mit Hilfe einiger INTRINSIC FUNCTIONS im Rechner leicht ermittelt werden können. Die Folge $k_0, k_1, k_2, \ldots$ strebt dabei sehr rasch gegen 1. Die folgende Tabelle möge das veranschaulichen, wobei als Startwert k_0 eine sehr kleine Zahl gewählt wird: k_0 = ein millionstel.

$k = k_0 = 0.000001$	$k_4 = 0.956567577$
$k_1 = 0.00199998$	$k_5 = 0.999753588$
$k_2 = 0.089264146$	$k_6 = 0.999999992$
$k_3 = 0.548574119$	$k_7 = 1.000000000$

Ist nun im n-ten Schritt $k_n = 1$, so erhält man für das Integral $E(\phi, k)$ den Ausdruck

$$E(\phi, k) = -(b_0 \sin\phi_0 + 2b_1 \sin\phi_1 + \ldots + 2^{n-1} b_{n-1} \sin\phi_{n-1}) + \\ + (2c_1 a_1 + 2^2 c_2 a_2 + \ldots + 2^n c_n a_n) \cdot g(\phi_n) + \\ + 2^n a_n \sin\phi_n,$$

wobei g eine gewisse Funktion ist, die sich mittels vorhandener INTRINSIC-FUNCTIONS berechnen läßt. Diese Formel eignet sich vorzüglich zur Programmierung. Die Klammerausdrücke können zugleich mit den obigen 5 Folgen mit berechnet werden. Da die Folgen ja rekursiv gegeben sind, kann man eine Programmschleife einige Male durchlaufen lassen und spart damit Speicherplatz.
Sieht man eine Ellipse mit $k < 10^{-6}$ als Kreis an, so hat man als Länge des Bogens den Wert $a.\phi$ (a = Radius des Kreises) und für ein größeres k hat man die Programmschleife höchstens 7 mal zu durchlaufen (siehe die Tabelle oben) und für die Länge des fraglichen Ellipsenbogens erhält man $L = a.E(\phi, k)$, wobei a die große Halbachse der Ellipse ist. Damit kann auf Reihenentwicklung überhaupt verzichtet werden.

Als Programmiersprache wurde FORTRAN verwendet, wobei mit doppelter Genauigkeit (DOUBLE PRECISION) gerechnet wurde. Der Rechenaufwand ist bei der vorgeführten Methode minimal und im Vergleich zu allen anderen Methoden unerheblich. So ermöglicht die Substitutionsregel für einfache Integrale eine einfache, rasche und äußerst genaue numerische Berechnung der elliptischen Integrale, man hat lediglich eine "gute" Transformation anzuwenden.

2. Technische Kenndaten einer dünnen Platte

Hat man eine dünne, homogene Platte (das ist geometrisch ein ebener Bereich), so sind in der Technik verschiedene Eigenschaften von großer Bedeutung. Dazu gehören neben der Masse vor allem der Schwerpunkt, Drehmomente und Trägheitsmomente. Dabei denkt man sich den ebenen Bereich gleichmäßig mit Masse verteilt (Dichte = 1). Der Gesamtmasse entspricht dann der Fläche des gegebenen Bereiches. Weiters sei der ebene Bereich G von "schönen Kurven" berandet, etwa Strecken oder Kreis- bzw. Ellipsenbögen. Dabei sollen sich die Randkurven nicht überschneiden.

Ein Teil unseres Programmpaketes berechnet nun von einem ebenen Bereich automatisch diese Kenndaten. Diese Begriffe werden nun im folgenden kurz erklärt und die Berechnungsmethode soll daran erläutert werden.

1. Das Drehmoment (oder auch statisches Moment) eines Massenpunktes mit der Masse m bzgl. einer festen Gerade a (welche Drehachse heißt) ist gegeben durch das Produkt aus der Masse (bei uns gleich 1 gesetzt) und dem Abstand r des Massenpunktes von der Drehachse a. Hat man das Drehmoment D_a von mehreren Massenpunkten bezüglich ein und derselben Drehachse a zu bestimmen, so muß man die entsprechende Summe bilden. Im Fall eines mit Masse gleichmäßig belegten ebenen Bereiches G (Massendichte

bei uns gleich 1) ergibt sich die Aufgabe, ein Bereichsintegral auszuwerten, wobei der Integrand $r(x, y)$ gleich dem Abstand des Bereichspunktes $P = (x, y)$ von der Achse a ist.

Im Besonderen sind die Drehmomente D_y und D_x des ebenen Bereiches G bezüglich der y-Achse und der x-Achse von großer Bedeutung. Kennt man diese ersten wichtigen Kenndaten D_x, D_y und ist auch die Fläche F (= Gesamtmasse) bekannt, so erhält man die Koordinaten des Schwerpunktes $S = (\xi, \eta)$ durch die Formeln: $\xi = D_y/F$, $\eta = D_x/F$. Weiters gelingt mit Kenntnis der Daten D_x, D_y und F auch die Berechnung des Drehmomentes des ebenen Bereiches G bezüglich einer beliebig vorgegebenen Drehachse.

2. Das Trägheitsmoment T_a eines Massenpunktes bezüglich einer Geraden (Drehachse) a ist gegeben als Produkt von Masse und dem Quadrat des Abstandes r von der Achse a. Da wir eine flächenhaft verteilte Masse (mit konstanter Dichte 1) betrachten, so ist das Trägheitsmoment T_a unseres ebenen Bereiches G wiederum durch ein Bereichsintegral über eine Funktion $f(x, y)$ von 2 Variablen gegeben ($f(x, y)$ ist das Quadrat des Abstandes des Bereichspunktes $P = (x, y)$ von der Drehachse). Analog wie beim Drehmoment sind die Trägheitsmomente T_y bzw. T_x des Bereiches G bezüglich der y-Achse bzw. x-Achse von enormer Bedeutung. Des weiteren ist auch das sogenannte Zentrifugalmoment T_{xy} von großer Wichtigkeit (hier ist $f(x, y) = x.y$ zu setzen). Denn bei Kenntnis dieser Größen kann man die Trägheitsmomente bzgl. einer beliebigen Drehachse berechnen sowie das sogenannte polare Trägheitsmomentes bezüglich eines vorgegebenen Punktes P (welcher Pol heißt) ermitteln.

Es stellt sich nun die Aufgabe, Bereichsintegrale auszuwerten, und zwar so, daß eine automatische Berechnung möglich ist. Da unser Integrationsbereich ein ebener Bereich ist, so sind die hier auftretenden Bereichsintegrale Doppelintegrale. Wie schon in der Einleitung angedeutet, habe ich bei der Behandlung dieser Doppelintegrale keine der üblichen numerischen Verfahren angewendet, sondern ich habe eine direkte Methode versucht. Da der Rand unseres Bereiches aus sehr schönen Kurven zusammengesetzt ist, so habe ich den Gauß'schen Integralsatz der Ebene angewendet. Dieser Integralsatz verwandelt ein Doppelintegral über den Bereich G in ein Kurvenintegral über den Rand von G, welches als eine Summe von Kurvenintegralen angeschrieben werden kann, wobei die Integrationskurve jeweils schöne Differenzierbarkeitseigenschaften besitzt. Jedes Kurvenintegral läßt sich in ein gewöhnliches Integral verwandeln, und dieses läßt sich explizit berechnen. Als Ergebnis erhält man ein sehr einfach gebautes Polynom in 4 Variablen (Koordinaten der Anfangs- und Endpunkte). Das Polynom ist dabei 3. Grades bei Drehmomenten und 4. Grades bei Trägheitsmomenten. Diese Daten können praktisch direkt aus dem Datenspeicher entnommen werden, sodaß fast keine Datenmanipulation notwendig ist (lediglich bei Ellipsenbögen hat man eine kleine Transformation durchzuführen, die wegen der Datenstruktur bei Ellipse bedingt ist). Es sei noch angemerkt, daß bei Flächenberechnung des ebenen Bereiches G ähnlich elegant auszuwertende Formeln auftreten.

Zusammenfassend kann also festgestellt werden, daß die Anwendung des Gauß'schen Integralsatzes der Ebene für unser Problem eine elegante und für ein Computerprogramm direkt verwertbare Lösung liefert. Nicht notwendig ist die Berechnung des Doppelintegrales mittels eines der vielen numerischen Verfahren, wodurch auch die Untersuchung über ihre Zuverlässigkeit entfällt.

Abschließend will ich noch einmal betonen, daß meine direkten Berechnungsweisen von Integralen, dargestellt an obigen Beispielen, keine Abwertung der bekannten numerischen Verfahren bedeuten soll. Ich möchte ganz im Gegenteil bemerken, daß gerade die Numerische Mathematik durch die rasche Entwicklung im Computerbereich eine große Bedeutung erlangt hat und große Fortschritte erzielt hat. Die oben vorgestellten Beispiele sollen aber darauf hinweisen, daß es mitunter auch nützlich sein kann, in bestimmten Fällen eine direkte Berechnung zu versuchen.

WOZU "GEKRÜMMTE RÄUME" GUT SEIN KÖNNEN

Ein neuartiges Anwendungsbeispiel aus der Metallurgie

Johann Linhart

1. Einleitung

Den Begriff "gekrümmter Raum" haben viele schon in Zusammenhang mit der Relativitätstheorie gehört. Nichtmathematiker bzw. Nichtphysiker verbinden damit wohl eher mysteriöse Vorstellungen. Die Theorie der gekrümmten Räume teilt damit das Schicksal der meisten mathematischen Theorien, daß es nämlich sehr schwierig ist, ihre Bedeutung einem Nichtspezialisten klarzumachen. Das liegt in erster Linie daran, daß die Ergebnisse mathematischer Forschung sehr häufig keinerlei unmittelbare Anwendung auf die Probleme der Menschheit (außerhalb der Mathematik) erkennen lassen. Ja, viele fragen sich vielleicht, ob solche Theorien überhaupt "zu etwas gut sind".

Die Rechtfertigung der mathematischen Wissenschaft beruht zu einem guten Teil darauf, daß es immer wieder vorkommt, daß sich eine Theorie, die zunächst um ihrer selbst willen entwickelt wurde, Jahrzehnte später als wesentliche Grundlage für bedeutende Fortschritte in anderen Gebieten erweist.

Hier soll nun ein kleines Beispiel eines derartigen Ereignisses gezeigt werden. Wenn es sich dabei vielleicht auch nicht um einen "bedeutenden Fortschritt" handelt, so ist doch das Besondere dabei, daß der Autor unmittelbar beteiligt war und so vielleicht ein wenig von seiner diesbezüglichen Begeisterung vermitteln kann.

2. Sphärische Räume

Es geht um die Theorie der Inhalts- oder Volumsmessung in "sphärischen Räumen", die von dem Schweizer Mathematiker L. SCHLÄFLI um die Mitte des vorigen Jahrhunderts entwickelt wurde.

Was sind "sphärische Räume" ? Um das zu verstehen, denken wir zunächst an die Oberfläche einer gewöhnlichen Kugel, sagen wir mit einem Radius von 1 Meter. Das ist sozusagen ein zweidimensionaler sphärischer Raum. In diesem "Raum" ist die kürzeste Verbindung zweier Punkte ein sogenannter "Großkreisbogen", d.i. ein Kreisbogen, dessen Mittelpunkt mit dem Kugelmittelpunkt übereinstimmt. Verbindet man drei Punkte untereinander durch solche Großkreisbögen, so entsteht ein "sphärisches Dreieck". Im Gegensatz zu gewöhnlichen ebenen Dreiecken ist bei einem sphärischen Dreieck die Winkelsumme stets größer als 180°. Interessanterweise ist nun dieser "Winkelüberschuß" gleich dem Flächeninhalt des sphärischen Dreiecks, wenn man die Winkel im Bogenmaß mißt (also $1^\circ = \pi/180$):

$$F = \alpha + \beta + \gamma - \pi.$$

Durch diese altbekannte Formel ist das Problem der Inhaltsmessung auf der Kugelfläche zumindest für Gebiete gelöst, die man in endlich viele Dreiecke zerlegen kann.

Wie ist das nun mit den höherdimensionalen Räumen? Da man jeden Punkt im gewöhnlichen Raum durch drei Koordinaten (x_1, x_2, x_3) angeben kann, sobald ein Koordinatensystem fixiert ist, ist der dreidimensionale Raum für den Mathematiker einfach die Menge aller Tripel von (reellen) Zahlen. Es steht daher nichts im Wege, auch die Menge aller Quadrupel (x_1, x_2, x_3, x_4) von Zahlen zu betrachten, und das nennt man eben den 4-dimensionalen (euklidischen) Raum. Da im 3-dimensionalen Raum die Kugelfläche mit Mittelpunkt (0,0,0) und Radius 1 durch die Gleichung

$$x_1^2 + x_2^2 + x_3^2 = 1$$

gegeben ist, nennt man im 4-dimensionalen Raum die Menge aller Quadrupel (x_1, x_2, x_3, x_4), für die die Gleichung

$$x_1^2 + x_2^2 + x_3^2 + x_4^2 = 1$$

gilt, oft ebenfalls eine Kugelfläche. Besser ist jedoch die Bezeichnung "dreidimensionaler sphärischer Raum", da hier zur Festlegung eines Punktes drei Koordinaten angegeben werden müssen. (Die vierte kann dann, bis auf das Vorzeichen, aus der Gleichung ermittelt werden.)

Analog kann man nun auch fünf- oder höherdimensionale euklidische Räume und entsprechende sphärische Räume definieren. Doch mit der Definition ist es natürlich nicht getan. Eine naheliegende Frage ist die, inwiefern man in solchen Räumen noch Volumsberechnungen durchführen kann. Während dies in den euklischen Räumen keine besonderen Probleme aufwirft (so ist etwa das Volumen eines 4-dimensionalen Würfels einfach gleich der vierten Potenz der Seitenlänge), ist im dreidimensionalen sphärischen Raum schon die Berechnung des Volumens eines Tetraeders ziemlich schwierig. So ein Tetraeder besitzt vier Ecken, sechs Kanten und vier Flächen. Die Kanten sind Großkreisbögen, die Flächen sind sphärische Dreiecke. Wir können es uns daher etwa so vorstellen:

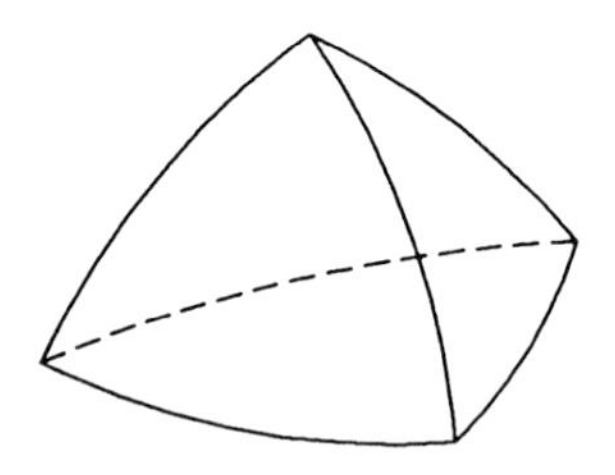

Zur Berechnung des Volumens zerlegt man ein solches Tetraeder zunächst in Teiltetraeder, die möglichst viele rechte Winkel besitzen (sogenannte "Orthoscheme"). Dies geschieht durch orthogonale Projektion eines inneren Punktes auf die Seitenflächen und Kanten.

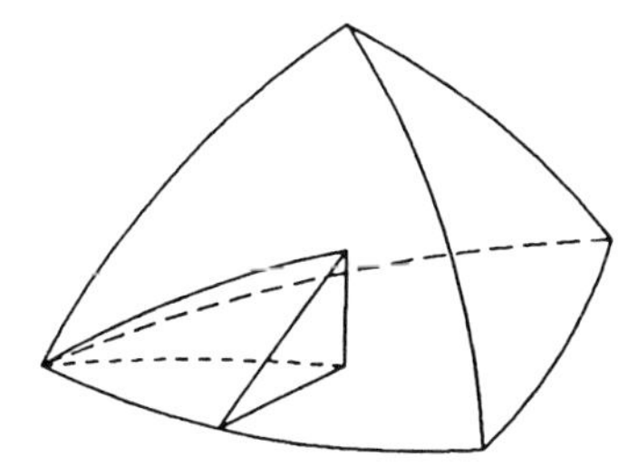

Ein Orthoschem hat höchstens drei Kanten, bei denen die zusammenstoßenden Flächen einen nichtrechten Winkel einschließen. Nennen wir diese Winkel α, β, γ, so gilt nach Schläfli folgende Volumsformel:

$$V = \frac{1}{2} \int_{\alpha_e}^{\alpha} \arctan \frac{\sqrt{\sin^2 x \sin^2 \gamma - \cos^2 \beta}}{\sin x \cos \gamma} \, dx$$

Dabei ist α_e der Winkel mit $\sin \alpha_e = \frac{\cos \beta}{\sin \gamma}$.

Dieses Integral kann i.a. nur näherungsweise mit Methoden der numerischen Mathematik berechnet werden. Mit einem heutigen Computer erfordert es aber nur Sekundenbruchteile, auch wenn z.B. 10-stellige Genauigkeit verlangt wird.

Für die Berechnung des Volumens von Orthoschemen im vierdimensionalen sphärischen Raum hat Schläfli ein Verfahren angegeben, bei dem zwei Integrale der obigen Art berechnet werden müssen.

Zur Zeit von Schläfli konnte man sich natürlich kaum eine praktische Anwendung dieser Formeln vorstellen.

3. Anwendung in der Metallurgie

Anläßlich einer Gastprofessur in Marseille im vorigen Jahr wurde der Autor darauf aufmerksam gemacht, daß an der Bergbau-Hochschule von St.Etienne für metallurgische Untersuchungen ein effizientes Verfahren zur Berechnung des Volumens vierdimensionaler sphärischer Körper gesucht wurde (insbesondere von Herrn R.Fortunier). Bis dahin waren diese Volumina mit der sogenannten "Monte-Carlo-Methode" näherungsweise bestimmt worden. Bei dieser Methode wird eine große Zahl von Punkten "zufällig" im Raum verteilt, und der Prozentsatz der Punkte, die in den betrachteten Körper fallen, führt dann zu einem Näherungswert für das Volumen. Dieses Verfahren ist äußerst rechenaufwendig und liefert die Ergebnisse nur mit sehr bescheidener Genauigkeit. Vor allem läßt sich das Ausmaß der Ungenauigkeit nicht zuverlässig abschätzen. Mit Hilfe der Schläflischen Methode konnte dieses Problem nun befriedigend gelöst werden.

Wie kommen eigentlich Metallurgen auf Körper im vierdimensionalen sphärischen Raum? Um die Antwort auf diese Frage verstehen zu können, führen wir uns ein paar Grundtatsachen der Metallurgie vor Augen.

In einem (festen) Metall sind die Atome nicht völlig regellos angeordnet. Ein metallischer Körper besteht aus kleinen Bezirken, in denen die Atome wie in einem Kristall ein regelmäßiges Raumgitter bilden. Von einem Bezirk zum anderen ändert sich allerdings die Ausrichtung dieses Raumgitters in ziemlich unregelmäßiger Weise.

Es geht nun um die Untersuchung des Verhaltens eines Metalls, wenn es durch starke äußere Kräfte deformiert wird. Dabei verschieben sich in jedem Kristall-Bezirk die einzelnen Atome entlang gewisser "Gitterebenen", die wir auch "Gleitebenen" nennen, wie dies schematisch in der folgenden Zeichnung angedeutet ist:

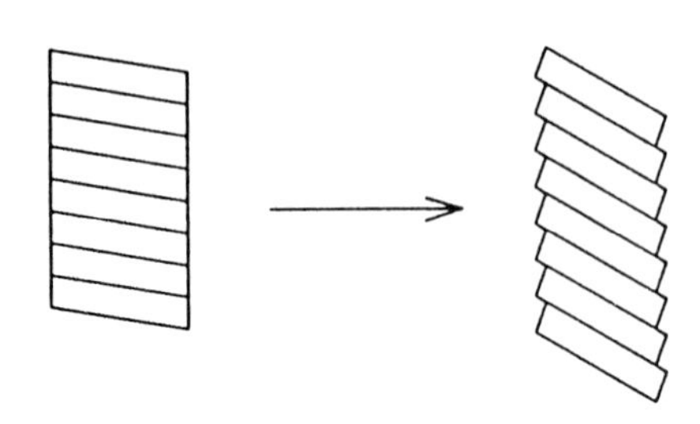

Die in Frage kommenden Gitterebenen und Verschiebungsvektoren hängen von der räumlichen Anordnung der Atome im Kristallgitter ab. Im Detail wurde das für das sogenannte "flächenzentrierte kubische Gitter" untersucht, das z.B. bei Magnesium auftritt.

Denken wir uns den Raum in regelmäßiger Weise in gleich große Würfel zerlegt, so sind die Atome bei diesem Gitter in den Würfelecken und den Mittelpunkten der Würfelflächen angeordnet. Als Gleitebenen kommen hier nur solche in Frage, die die betroffenen Würfel in einer Weise schräg durchschneiden, wie dies im folgenden Bild gezeichnet ist:

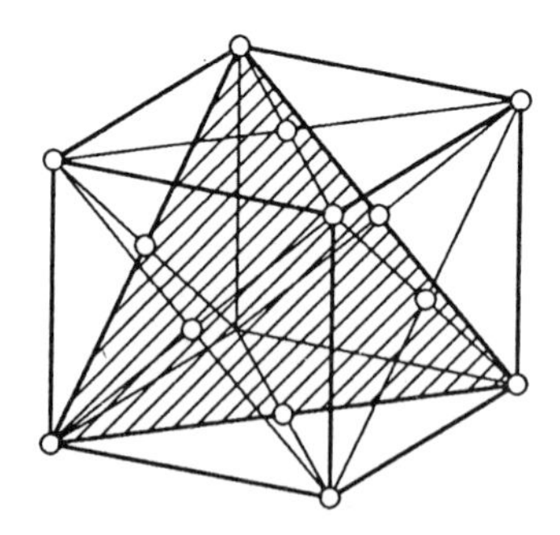

Es gibt vier verschiedene (nichtparallele) derartige Ebenen. Die Gleitrichtung muß parallel zu einer Diagonale einer Würfelfläche sein, und daher kommen in jeder Gleitebene nur drei Gleitrichtungen vor (sie entsprechen den Seiten des schraffierten Dreiecks).

Ein Gleitvorgang ist also durch eine Gleitebene e und eine in dieser Ebene gelegene Gleitrichtung $\mathbf{r}$ gegeben. So ein Paar $(e, \mathbf{r})$ nennen wir ein "GLEITSYSTEM". Im Falle eines flächenzentrierten kubischen Gitters gibt es also $4 \times 3 = 12$ verschiedene Gleitsysteme. Wenn man die Ebene e durch einen Normalvektor $\mathbf{n}$ angibt, so handelt es sich bei einem Gleitsystem um ein Paar von zueinander senkrecht stehenden Vektoren $(\mathbf{n}, \mathbf{r})$.

Für die Untersuchung von Gleitsystemen spielt nun eine Matrix (d.i. eine Art Zahlentabelle) eine besondere Rolle, die in folgender Weise aus den Koordinaten (n_1, n_2, n_3), (r_1, r_2, r_3) dieser beiden Vektoren gebildet wird:

$$\begin{pmatrix} a_{11} & a_{12} & a_{13} \\ a_{21} & a_{22} & a_{23} \\ a_{31} & a_{32} & a_{33} \end{pmatrix} \qquad \text{wobei} \qquad a_{ik} = \frac{n_i r_k + n_k r_i}{2}$$

Diese Matrix ist symmetrisch bezüglich einer Diagonale:

$$a_{12} = a_{21}, \quad a_{13} = a_{31}, \quad a_{23} = a_{32}.$$

Von den neun Zahlen der Matrix sind also nur sechs wesentlich. Außerdem ist

$$a_{11} + a_{22} + a_{33} = n_1 r_1 + n_2 r_2 + n_3 r_3 = 0,$$

da $\mathbf{n}$ auf $\mathbf{r}$ senkrecht steht. Es bleiben somit nur fünf Parameter übrig. Daher bietet sich die Möglichkeit an, jedem Gleitsystem einen Punkt oder Vektor im 5-dimensionalen Raum zuzuordnen. Bei einer solchen Zuordnung muß man allerdings darauf achten, daß sie nicht von der der Wahl des Koordinatensystems abhängt: Wenn zwei Gleitsystemen σ_1, σ_2 in einem bestimmten Koordinatensystem die Vektoren $\mathbf{s}_1, \mathbf{s}_2$ zugeordnet sind, in einem anderen Koordinatensystem die Vektoren $\mathbf{s}'_1, \mathbf{s}'_2$, so muß z.B. der Winkel zwischen $\mathbf{s}'_1$ und $\mathbf{s}'_2$ gleich dem Winkel zwischen $\mathbf{s}_1$ und $\mathbf{s}_2$ sein, wenn die Zuordnung geometrisch sinnvoll sein soll. In der Tat gibt es eine solche Zuordnung. Sie sieht folgendermaßen aus:

$$\begin{pmatrix} a_{11} & a_{12} & a_{13} \\ a_{21} & a_{22} & a_{23} \\ a_{31} & a_{32} & a_{33} \end{pmatrix} \longrightarrow \begin{pmatrix} (a_{22} - a_{11})/2 \\ \frac{\sqrt{3}}{2} a_{33} \\ a_{23} \\ a_{13} \\ a_{12} \end{pmatrix}$$

Damit ist also eine Beziehung zwischen Gleitsystemen und Vektoren im 5-dimensionalen Raum hergestellt. Wie kommt man nun auf Volumina im 4-dimensionalen sphärischen Raum ? Wir nehmen an, daß wir ein Metall in bestimmter Weise deformieren wollen. Diese Verformung kann nur dadurch zustande kommen, daß in jedem der kleinen Kristalle ein Gleitsystem aktiviert wird, das natürlich je nach der Ausrichtung des Kristalls verschieden sein wird. Man kann nun zeigen, daß zu einer gegebenen Verformung im allgemeinen fünf verschiedene Gleitsysteme beitragen.

In unserem 5-dimensionalen "Bild" können wir uns das folgenderweise vorstellen (es macht nichts, wenn wir dabei 2- oder 3-dimensional denken): Die Vektoren, die den 12 möglichen Gleitsystemen zugeordnet sind, bilden die Normalvektoren der (4-dimensionalen) Seiten eines 5-dimensionalen Polyeders P, das der Einheitskugel umbeschrieben ist. Jedem Gleitsystem entsprechen dabei zwei einander gegenüberliegende Seiten von P. Das Polyeder P besitzt also 24 vierdimensionale Seiten. Die gegebene Verformung kann nun ebenso wie die Gleitsysteme durch eine Matrix beschrieben werden, welcher wiederum ein 5-dimensionaler Vektor entspricht, den wir **v** nennen.

Aus bekannten physikalischen Gesetzen läßt sich nun folgendes herleiten: Betrachten wir eine (4-dimensionale) Ebene mit Normalvektor **v**, welche das Polyeder P berührt. Normalerweise wird die Berührung in einer Ecke des Polyeders stattfinden, in welcher fünf Seiten zusammenstoßen. Die Normalvektoren dieser Seiten entsprechen dann genau den Gleitsystemen, die bei der gegebenen Verformung aktiviert werden.

Die sphärische Volumsberechnung kommt nun dadurch ins Spiel, daß man sich dafür interessiert, mit welcher Wahrscheinlichkeit bestimmte Kombinationen von Gleitsystemen auftreten. Auf Grund der regellosen Verteilung der Ausrichtungen der Kristalle in einem Metall entspricht diese Wahrscheinlichkeit nämlich genau dem sphärischen Volumen der Menge aller Normalvektoren **v** von Ebenen, die das Polyeder P in einer bestimmten Ecke berühren. Die folgende Zeichnung veranschaulicht die analoge 2-dimensionale Situation:

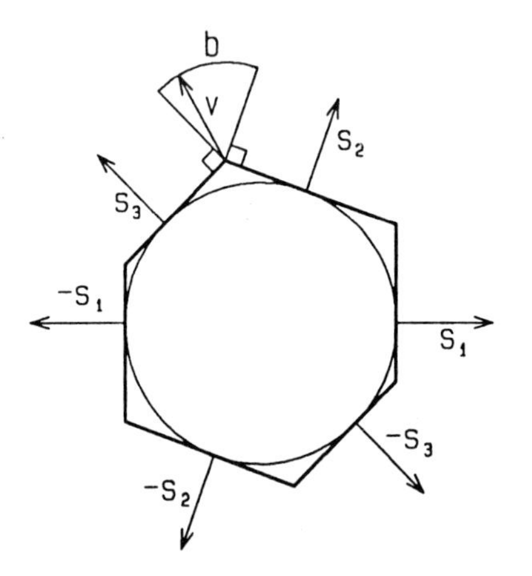

$\mathbf{s_i}$ ... Vektoren, die den Gleitsystemen entsprechen.

v ... Vektor, der einer bestimmten Verformung entspricht.

b ... Analogon zu einem 4-dim. sphärischen Volumen.

Die Berechnung dieser Volumina wurde im Spezialfall des flächenzentrierten kubischen Gitters für alle Ecken des Polyeders explizit durchgeführt. Das Polyeder besitzt dann fünf verschiedene Typen von Ecken, die mit A, B, C, D, E bezeichnet werden. Die Wahrscheinlichkeiten für die verschiedenen Typen sind sehr unterschiedlich, sie reichen von 4.116 % beim Typ A bis zu 40.915 % beim Typ C.

Mit der Methode der sphärischen Volumsberechnung ist es jetzt also möglich, die Vorgänge bei der Verformung von Metallen quantitativ wesentlich genauer zu erfassen. Damit hat man eine solide Grundlage für die weitere wissenschaftliche Arbeit in diesem Gebiet.

4. Schlußbemerkungen

Die Anwendung der Schläflischen Formeln ging keineswegs so vor sich, daß man einfach in den Werken von Schläfli nachsah und in die dort stehenden Formeln einsetzte. Es waren vielmehr eine Reihe von Hürden zu überwinden:

Erstens sind die Arbeiten von Schläfli weitgehend unbekannt, es gibt wahrscheinlich sogar viele Mathematiker, die nichts oder kaum etwas von seinen Arbeiten wissen. Es war daher eher ein Zufall, daß der Metallurge R.Fortunier überhaupt davon erfuhr: Er hatte der Mathematikerin B.Mossé von seinen Problemen erzählt, und diese hörte in Marseille mehr oder weniger zufällig einen Vortrag des Autors über ein an sich ganz anderes Thema, in dem beiläufig das Problem der sphärischen Volumsberechnung erwähnt wurde.

Zweitens (und das hängt natürlich mit dem ersten Punkt zusammen) sind diese Arbeiten sehr schwer verständlich geschrieben. Das war auch ein Grund, warum vor einigen Jahren J.Böhm und H.Hertel in Jena ein Buch geschrieben haben, in welchem die Ergebnisse von Schläfli zusammen mit neueren Entwicklungen in etwas verständlicherer Weise dargestellt werden.

Drittens wendet sich auch dieses Buch in erster Linie an mehr oder weniger spezialisierte Mathematiker und ist z.B. für Metallurgen praktisch unzugänglich. Es war daher notwendig, die sehr theoretisch formulierten Definitionen und Sätze in ein konkret durchführbares Rechenverfahren zu "übersetzen", wobei sich dankenswerter Weise auch Herr J.Böhm helfend beteiligte.

Der Autor des vorliegenden Artikels hat bei dieser Arbeit erkannt, daß es sich beim Auffinden und Aufbereiten von mathematischen Methoden für außermathematische Anwendungen um eine wichtige und anspruchsvolle, aber auch hochinteressante Aufgabe handelt, die leider von vielen Mathematikern eher vernachlässigt oder gering geschätzt wird. Es wäre zu wünschen, daß mehr "theoretische" Mathematiker den Reiz solcher Aufgaben erkennen und sich ihnen widmen, auch im Interesse einer Sicherung der gesellschaftlichen Anerkennung der "reinen Mathematik", die natürlich die Basis für jedwede Anwendung ist.

Literatur:

J. Böhm, H. Hertel: Polyedergeometrie in n-dimensionalen Räumen konstanter Krümmung. Deutscher Verl. d. Wiss., Berlin 1980.

R. Fortunier, J. Linhart: Solid angles in n dimensional space: Application of spherical volume theory to crystal yield surfaces. (To appear in: International Journal of Plasticity)

L. Schläfli: Gesammelte mathematische Abhandlungen 1 und 2 (aus den Jahren 1852 und 1854). Birkhäuser, Basel 1950 bzw. 1953.

D I E   N O R M A L V E R T E I L U N G   I N   W O R T   U N D   B I L D

Einführung in die stochastische Modellbildung am Beispiel der Meßfehler

Ferdinand Österreicher

I. ABRISS DER IDEENGESCHICHTE

Die Dichtefunktion der Normalverteilung

$$f_{\mu,\sigma}(x) = \frac{1}{\sqrt{2\pi}\,\sigma} e^{-\frac{(x-\mu)^2}{2\sigma^2}}$$

(mit Erwartungswert μ und Standardabweichung σ) besitzt nicht nur eine schöne Form (die sogenannte Gauss'sche Glockenkurve, welche in Abbildung 1 dargestellt ist), sondern enthält auch drei berühmte Zahlen aus der Geschichte der Mathematik, nämlich

$$\sqrt{2}\ ,\quad \pi \quad \text{und} \quad e\ .$$

Im folgenden soll ein Abriß der Ideengeschichte dieser Verteilung anhand von ausgewählten, z.T. frei übersetzten Zitaten gegeben werden.

DE MOIVRE hat in seiner "Doctrine of Chances" (1738) diese Funktion entdeckt, um mit ihrer Hilfe Summen von Wahrscheinlichkeiten näherungsweise zu bestimmen: ein Unterfangen, das selbst die Großrechner der heutigen Zeit vor eine unlösbare Aufgabe stellen kann. Zunächst hatte die Funktion selbst jedoch noch keine wahrscheinlichkeitstheoretische Bedeutung.

Dazu bedurfte es weiterer fundamentaler Einsichten, die SIMPSON (1755) zum Ausdruck brachte. Eine kühner Schritt bestand in der Vorstellung, daß die Schwankungen der Beobachtungswerte bei Präzisionsmessungen durch die Wahrscheinlichkeitsrechnung, deren bisheriger Anwendungsgegenstand vornehmlich Glücksspiele waren, adäquat beschrieben werden können. Ein zweiter bestand darin, als mögliche Beobachtungswerte alle reellen Zahlen zuzulassen. Damit wurde der Untersuchungsgegenstand der Anwendung der Infinitesimalrechnung, welche im letzten Drittel des 17. Jahrhunderts von LEIBNIZ und NEWTON entwickelt wurde, zugänglich gemacht.

Darüber hinaus schlägt SIMPSON eine Vorschrift für die Handhabung von mehrfachen, erfahrungsgemäß verschiedenen Meßwerten einer Meßgröße vor, die imstande ist, die Subjektivität der Wissenschaftler hintanzuhalten und damit deren Kommunikation zu erleichtern:

> *Zusammenfassend scheint es, daß das Bestimmen des arithmetischen Mittels einer Anzahl von Meßwerten die Chance kleiner Fehler beträchtlich verringert und nahezu jede Möglichkeit für große ausschließt. Diese Erwägung allein erscheint ausreichend, um die Verwendung dieser Methode nicht nur Astronomen zu empfehlen, sodern allen, die Präzisionsmessungen durchführen. Je mehr Beobachtungen oder Experimente gemacht werden, desto weniger werden die Resultate fehleranfällig sein, vorausgesetzt eine Wiederholung der Messungen ist unter gleichen Bedingungen möglich.*

SIMPSON, 1755

Wir meinen, daß wir nur durch konsequentes Befolgen dieser Vorschrift (die Bestimmung des Stichprobenmittels) unsere Resultate von Willkür freihalten konnten.

BESSEL und BAEYER, 1838

Mit den Arbeiten von LAPLACE (1774), LEGENDRE (1806) und GAUSS (1809) rückte das Stichprobenmittel auch in das Zentrum theoretischen Interesses. LAPLACE und GAUSS gingen schließlich bei ihren voneinander verschiedenen mathematischen Begründungen des Fehlerverteilungsgesetzes vom Stichprobenmittel aus.

Die Regel, aus der sich das arithmetische Mittel von verschiedenen Meßwerten einer Größe ergibt, ist lediglich eine einfache Folgerung der allgemeinen Methode, welche ich die Methode der kleinsten Quadrate nenne.

LEGENDRE, 1806

Die Naturerscheinungen sind meistens von so vielen fremdartigen Umständen verdeckt, und von einer so großen Zahl von störenden Ursachen beeinflußt, daß sie oft nur sehr schwer zu erkennen sind. Das läßt sich nur dadurch erreichen, daß man die Beobachtungen oder Versuche vervielfacht, so daß die fremdartigen Wirkungen sich gegenseitig aufheben und die Durchschnittsergebnisse jene Erscheinungen und ihre verschiedenen Elemente klar hervortreten lassen. Je zahlreicher die Beobachtungen sind und je weniger sie voneinander abweichen, desto mehr nähern sich ihre Ergebnisse der Wahrheit. Man erfüllt diese letzte Bedingung durch die Wahl der Beobachtungsmethoden, durch Genauigkeit der Instrumente und und durch die Sorgfalt, die man auf die richtige Beobachtung verwendet: sodann bestimmt man mittels der Wahrscheinlichkeitstheorie die vorteilhaftesten oder am wenigsten dem Fehler ausgesetzten Mittelwerte. Aber das genügt noch nicht; es ist weiter notwendig, die Wahrscheinlichkeit abzuschätzen, daß die Fehler dieser Resultate innerhalb gegebener Grenzen liegen, sonst hat man nur eine unvollständige Kenntnis von dem Grade der erlangten Genauigkeit. Geeignete Formeln hierzu sind daher eine wahre Vervollkommnung der Methode der Wissenschaften und bilden eine wichtige Ergänzung derselben. Die Analysis, die sie erfordern, ist die feinste und schwierigste der Theorie der Wahrscheinlichkeit: sie macht einen der Hauptgegenstände meines Werkes über diese Theorie aus, worin ich zu Formeln dieser Art gelangt bin, welche den bemerkenswerten Vorteil haben, vom Gesetz der Wahrscheinlichkeit der Fehler unabhängig zu sein und nur Größen zu enthalten, die durch die Beobachtungen selbst und deren Ausdrücke gegeben sind.

LAPLACE, 1814

Der Verfasser der gegenwärtigen Abhandlung, welcher im Jahr 1797 diese Aufgabe nach den Grundsätzen der Wahrscheinlichkeitsrechnung zuerst untersuchte, fand bald, dass die Ausmittelung der wahrscheinlichsten Werthe der unbekannten Grösse unmöglich sei, wenn nicht die Function, die die Wahrscheinlichkeit der Fehler darstellt, bekannt ist. In so fern sie dies aber nicht ist, bleibt nichts übrig, als hypothetisch eine solche Function anzunehmen. Es schien ihm das natürlichste, zuerst den umgekehrten Weg einzuschlagen und die Function zu suchen, die zum Grunde gelegt werden muss, wenn eine allgemein als gut anerkannte Regel für den einfachsten aller Fälle daraus hervorgehen soll, die nemlich, dass das arithmetische Mittel aus mehreren für eine und dieselbe unbekannte Grösse durch Beobachtungen von gleicher Zuverlässigkeit gefundenen Werthen als der wahrscheinlichsten betrachtet werden müsse. Es ergab sich daraus, dass die Wahrscheinlichkeit eines Fehlers x, einer Exponentialgröße von der Form e^{-hhxx} *proportional angenommen werden müsse, und daß dann gerade diejenige Methode auf die er schon einige Jahre zuvor durch andere Betrachtungen gekommen war, allgemein nothwendig werde. Diese Methode, welche er nachher besonders seit 1801 bei allerlei astronomischen Rechnungen fast täglich anzuwenden Gelegenheit hatte, und auf welche auch LEGENDRE inzwischen gekommen war, ist jetzt unter dem Namen Methode der kleinsten Quadrate im allgemeinen Gebrauch. und ihre Begründung durch die Wahrscheinlichkeitsrechnung, so wie die Bestimmung der Genauigkeit der Resultate selbst, nebst anderen damit zusammenhängenden Untersuchungen sind in der* Theoria Motus Corporum Coelestium *ausführlich entwickelt.*

GAUSS, 1821

Damit war nicht nur $f_{\mu,\sigma}(x)$ als Dichtefunktion einer eigenen Verteilung, der Laplace'- oder Gauss'schen Verteilung, erkannt, sondern auch einigermaßen geklärt, unter welchen Voraussetzungen diese Verteilung auftritt. Es dauerte in der Folge nicht lange, bis die ersten Versuche unternommen wurden, diese Verteilung praktisch zu bestätigen.

Eine wesentliche Stütze des Gauss'schen Fehlergesetzes bildet die Übereinstimmung, welche zwischen seinen Folgerungen und den Ergebnissen wirklich ausgeführter Beobachtungen besteht. Sie hat dem Gesetze ... allgemeine Annahme von Seite der Beobachter eingebracht. ...

Die erste umfassende Prüfung des Gauss'schen Fehlergesetzes durch die Erfahrung hat BESSEL (1818) ausgeführt ... und damit gleichsam den ersten praktischen Beweis dieses Gesetzes gegeben.

CZUBER, 1891

Ihrem Aufsatz in den Astronomischen Nachrichten über die Annäherung des Gesetzes für die Wahrscheinlichkeit aus zusammengesetzten Quellen entspringender Beobachtungsfehler an die Formel $e^{-xx/hh}$ *habe ich mit großem Interesse gelesen; doch bezog sich, wenn ich aufrichtig sprechen soll, dieses Interesse weniger auf die Sache selbst, als auf ihre Darstellung. Denn jene ist mir seit vielen Jahren familiär, während ich selbst niemals dazu gekommen bin, die Entwicklung vollkommen auszuführen.*

GAUSS an BESSEL, 1839

QUETELET, auf dessen Einfluß die Gründung vieler statistischer Behörden in Europa zurückgeht, hat der Normalverteilung in der Anthropometrie ein gänzlich neues und unvermutetes Anwendungsgebiet erschlossen. Bei seinen Überlegungen geht er von jenem Gebiet aus, für welches das Fehlerverteilungsgesetz ursprüglich modelliert wurde: den Präzisionsmessungen in Astronomie und Geodäsie, und bedient sich der Fiktion des *homme moyen* (des mittleren Menschen). Zur Illustration seiner Ideen verwendete er Daten aus statistischen Erhebungen.

In den vorhergehenden Beispielen wußten wir trotz der Schwankungen der Meßwerte, daß sehr wohl eine Meßgröße in Wirklichkeit existiert, deren Wert wir zu bestimmen versuchten:

das war entweder die Körpergröße eines bestimmten Menschen oder die Rektaszension des Polarsterns.

Es stellt sich hier eine Frage von größter Wichtigkeit. Man kann sich fragen, ob in einem Volk ein Modellmensch existiert: ein Mensch, der dieses Volk bezüglich der Körpergröße repräsentiert. Im Vergleich zu diesem müßten alle Menschen seines Volkes so betrachtet werden, wie wenn sie mehr oder weniger große Abweichungen aufweisten. Wenn man diese mißt, dann hätte man Werte, die sich so um den Mittelwert gruppierten, wie jene Zahlen, die man erhielte, wenn der Modellmensch sehr oft mit mehr oder weniger groben Mitteln gemessen worden wäre.

QUETELET, 1834

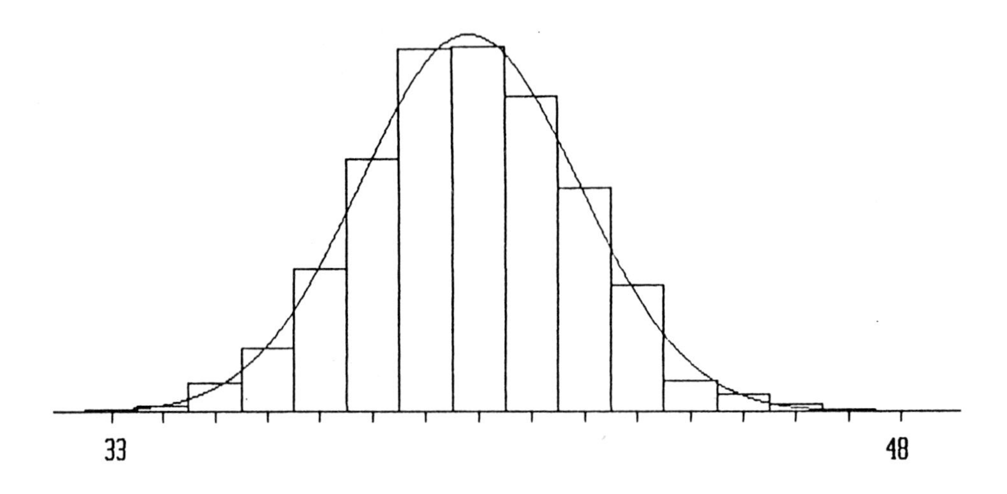

Abbildung 1: Vergleich des Histogramms der Messungen des Brustumfangs von 5738 schottischen Soldaten mit der Dichte der zugehörigen Normalverteilung. Die Maßeinheit ist ein Zoll.

Folgende Zitate aus GALTON's Buch "Natural Inheritance" (1889) geben seine Sicht der historischen Entwicklung und seine (im Sinn der Viktorianischen Romantik zu verstehenden) Begeisterung wieder.

Ich brauche den Leser kaum darauf aufmerksam zu machen, daß das Fehlerverteilungsgesetz (die Normalverteilung) für Astronomen und andere, denen an hoher Meßgenauigkeit gelegen ist, ersonnen wurde. Bis zur Zeit von QUETELET hatte man aber nicht die geringste Ahnung, daß es sich auf anthropometrische Daten anwenden ließe. ...

Wie schon gesagt, haben die Mathematiker im Hinblick auf ein bestimmtes Anwendungsgebiet am Fehlerverteilungsgesetz gearbeitet, und wir ernten die Früchte dieser Anstrengungen in einem anderen Bereich. ...

Ich kenne nichts, was die Vorstellungskraft so beeindruckt, wie die wunderbare Form der kosmischen Ordnung, die durch das Fehlerverteilungsgesetz ausgedrückt wird. Dieses Gesetz wäre nämlich von den Griechen zur Gottheit erhoben worden, hätten sie es gekannt. Es regiert mit Erhabenheit und mit vollständiger

Selbstaufgabe inmitten der größten Verwirrung. Je größer der Mob und je größer die scheinbare Anarchie, umso vollkommener ist seine Macht. Es ist das höchste Gesetz der Unvernunft.

GALTON, 1889

GALTON, ein Cousin Darwins, entwarf auch ein Gerät, das dazu bestimmt war, das Zustandekommen der Normalverteilung auf mechanische Weise zu illustrieren: das sogenannte Galton'sche Brett.

GALTON war es aber auch, der für gewisse Anwendungen vorschlug, anstelle des arithmetischen Mittels der Meßwerte, das arithmetische Mittel der Logarithmen der Meßwerte (oder, äquivalent, den Logarithmus des geometrischen Mittels der Meßwerte) heranzuziehen, was schließlich zur Herleitung der logarithmischen Normalverteilung führte. Er ist somit neben POISSON und K.PEARSON einer jener Wissenschaftler, welche durch andere mathematische Modelle, weitere stetige Verteilungen für bestimmte Anwendungen als nützlich erkannte.

Die Beweggründe dafür, daß die Universalität der Anwendbarkeit der Normalverteilung dennoch nicht stärker in Frage gestellt wurde, sind wohl zutiefst menschlich. Dazu folgendes Bonmot:

Alle Welt glaubt an die Normalverteilung, die Mathematiker, weil sie denken, sie sei eine experimentelle Tatsache und die Anwender, weil sie meinen, sie sei ein mathematischer Satz.

LIPPMANN zu POINCARE, um 1900

PEIRCE (1873) hat möglicherweise den Namen Normalverteilung eingeführt, und damit das Dilemma vermieden, einen jener Wissenschaftler auszuzeichnen, nach welchen, je nach nationaler oder fachlicher Zugehörigkeit, diese Verteilung benannt wurde: GAUSS, LAPLACE, QUETELET, MAXWELL und GALTON.

Über die Vielzahl der Anwendungsgebiete der Normalverteilung gibt schließlich folgende Darstellung Aufschluß.

THE
· NORMAL ·
LAW OF ERROR
STANDS OUT IN THE
EXPERIENCE OF MANKIND
AS ONE OF THE BROADEST
GENERALIZATIONS OF NATURAL
PHILOSOPHY + IT SERVES AS THE
GUIDING INSTRUMENT IN RESEARCHES
IN THE PHYSICAL AND SOCIAL SCIENCES AND
IN MEDICINE AGRICULTURE AND ENGINEERING +
IT IS AN INDISPENSABLE TOOL FOR THE ANALYSIS AND THE
INTERPRETATION OF THE BASIC DATA OBTAINED BY OBSERVATION AND EXPERIMENT

YOUDEN, um 1960

II. GRENZEN DER ANWENDBARKEIT UND AUSBLICK AUF ROBUSTE VERFAHREN

Das Kriterium guter Wissenschaft ist es, daß sie Modelle und 'Theorien' benützt, aber diesen stets mißtraut.

WILK, um 1960

Wir illustrieren die folgenden Überlegungen anhand eines Beispiels.

Beispiel: Am National Bureau of Standards in Washington wurden in den Jahren 1962-1963 etwa 100 Messungen des dortigen Standardgewichts NB 10 (mit einem Nominalwert von 10 Pond) mit einem der besten Meßgeräte und unter Gewährleistung von möglichst gleichbleibenden Bedingungen durchgeführt. Auf die Sorgfalt, mit der man dort arbeitete, weist folgendes einschlägige Zitat hin.

Eine Hauptschwierigkeit in der Anwendung statistischer Methoden auf die Analyse von Meßdaten ist die Erstellung einer geeigneten Datenliste. Das Problem erwächst häufig aus den bewußten oder vielleicht unbewußten Versuchen, einen bestimmten Vorgang so durchzuführen, wie man gerne hätte, daß er abliefe, anstatt den tatsächlichen Verlauf zu akzeptieren. ... Das Verwerfen von Daten auf der Basis von willkürlich festgelegten Grenzen verfälscht die Schätzung der Streuung des tatsächlichen Prozesses beträchtlich. Solches Vorgehenen läuft dem Zweck des ... Unterfangens zuwider. Um ein realistisches Modell zu erhalten, ist es erforderlich, alle Daten zu akzeptieren, welche nicht ohne gewichtigen Grund (Verletzung der Versuchsbedingungen) verworfen werden müssen.

PONTIUS, 1966

Da alle Meßwerte etwa 400 Mikropond unter dem Nominalwert liegen, ist es vorteilhaft, die Differenzen der Meßwerte vom Nominalwert in Mikropond anzugeben und als Stichprobenwerte zu verwenden (So ist z.B. für einem Meßwert von 9.999591 Pond diese Differenz 10 - 9.999591 = 0.000409 Pond oder 409 Mikropond).

Bei 100 aufeinanderfolgenden Messungen ergaben sich folgende Stichprobenwerte, die in der folgenden Tabelle zeilenweise zu lesen sind (So ist z.B. $x_1 = 409, \ldots, x_{10} = 403, x_{11} = 398, \ldots, x_{100} = 404$).

409	400	406	399	402	406	401	403	401	403
398	403	407	402	401	399	400	401	405	402
408	399	399	402	399	397	407	401	399	401
403	400	410	401	407	423	406	406	402	405
405	409	399	402	407	406	413	409	404	402
404	406	407	405	411	410	410	410	401	402
404	405	392	407	406	404	403	408	404	407
412	406	409	400	408	404	401	404	408	406
408	406	401	412	393	437	418	415	404	401
401	407	412	375	409	406	398	406	403	404

Da bei unseren Überlegungen die Reihenfolge der Messungen keine Rolle spielen wird, bringen wir die Daten in die - übersichtliche wie zweckmäßige - Form einer Stamm-und-Blatt-Darstellung (Siehe Abbildung 2).

37	5
38	
38	
39	23
39	7889999999
40	0000111111111111222222222333333444444444
40	5555566666666666667777777788888899999
41	000012223
41	58
42	3
42	
43	
43	7

Abbildung 2: Stamm-und-Blatt-Darstellung der Daten des Beispiels

Jeder Wert ist durch eine Ziffer rechts vom vertikalen Strich (ein "Blatt") und durch die zweistellige Zahl (des "Stammes") auf gleicher Höhe links von diesem gegeben. Hunderter-, Zehner- und Einerziffer werden, wie üblich, von links nach rechts abgelesen. (So ist z.B. der kleinste der 100 Werte $x_{1:100} = 375$, der zweitkleinste $x_{2:100} = 392$, die beiden mittleren Werte $x_{50:100} = 404$ und $x_{51:100} = 404$ und der größte Wert $x_{100:100} = 437$.)

Um die Hypothese zu testen, daß die Grundgesamtheit normalverteilt ist, verwenden wir den LILLIEFORS-Test. Dieser beruht auf dem Vergleich der empirischen Verteilungsfunktion der standardisierten Stichprobenwerte mit der Verteilungsfunktion

$$\Phi(x) = \int_{-\infty}^{x} \frac{1}{\sqrt{2\pi}} e^{-y^2/2} dy$$

der Standardnormalverteilung.

Seien $x_1, x_2, \ldots, x_n$ die Stichprobenwerte,

$\bar{x}_n = \frac{1}{n} \sum_{i=1}^{n} x_i$ das Stichprobenmittel,

$s_n = \sqrt{\frac{1}{n-1} \sum_{i=1}^{n} (x_i - \bar{x}_n)^2}$ die Standardabweichung der Stichprobe und

$z_i = \frac{x_i - \bar{x}_n}{s_n}$, $i \in \{1, \ldots, n\}$ die standardisierten Stichprobenwerte.

Dann ist $F_n(x)$ die Anzahl aller $i \in \{1, \ldots, n\}$, für die $z_i < x$ gilt,

also $$F_n(x) = \begin{cases} 0 & \text{für } x \leq z_{1:n} \\ \frac{i}{n} & \text{für } z_{i:n} < x \leq z_{(i+1):n} \\ 1 & \text{für } z_{n:n} < x \end{cases}$$

die empirische Verteilungsfunktion der standardisierten Stichprobenwerte. Dabei sind $z_{1:n} \leq z_{2:n} \leq \ldots \leq z_{n:n}$ die der Größe nach geordneten Werte.

Um die Hypothese, daß die Grundgesamtheit normalverteilt ist, auf einem bestimmtem Niveau α (etwa 0.01) - d.h. mit einer vorgegebenen Schranke α für die Wahrcheinlichkeit einer Fehlentscheidung - verwerfen zu können, muß die maximale Abweichung

$$T(x_1,\ldots,x_n) = \sup\{ |F_n(x) - \Phi(x)| : -\infty < x < \infty \}$$

einen gewissen, vom Niveau α und dem Stichprobenumfang n abhängigen kritischen Wert $K(\alpha,n)$ übersteigen.

(Für das Beispiel ist die maximale Abweichung $T(x_1,\ldots,x_{100}) = 0.1337$. Da der kritische Werte für $\alpha = 0.01$ $K(0.01,100) = 0.103$ ist, kann die Hypothese auf dem Niveau $\alpha = 0.01$ verworfen werden (Siehe dazu auch Abbildung 3).

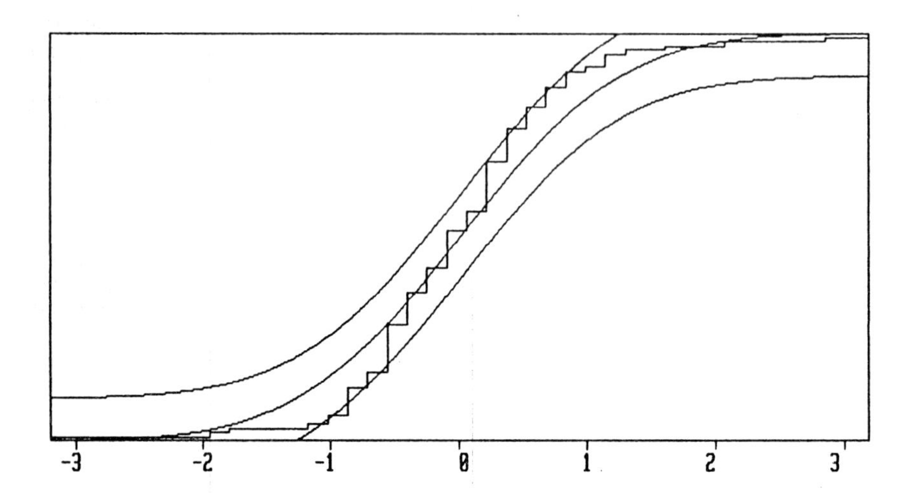

Abbildung 3: Graphische Darstellung zum LILLIEFORS-Test für das Beispiel

Die S-fömige Kurve in der Mitte stellt die Verteilungsfunktion $\Phi(x)$ der Standardnormalverteilung dar; die Treppenfunktion die empirische Verteilungsfunktion $F_n(x)$ der standardisierten Werte. Die Hypothese, daß die Grundgesamtheit normalverteilt ist, kann auf dem Niveau $\alpha = 0.01$ verworfen werden, wenn der Graph von $F_n(x)$ den "Korridor" um den Graph von $\Phi(x)$ verläßt. Dies ist hier der Fall.

Beim LILLIEFORS-Test werden das Stichprobenmittel $\bar{x}_n$ und die Standardabweichung s_n der Stichprobe dazu verwendet, um die unbekannten Parameter μ und σ zu schätzen. Diese beiden Schätzer sind unter der Annahme einer Normalverteilung optimal (für den Erwartungswert μ folgt dies unmittelbar aus der Konstruktion der Normalverteilung nach GAUSS) und erweisen sich als sehr sensitive Indikatoren für eine Abweichung von der Hypothese der Normalverteilung.

Im folgenden werden im Gegensatz dazu einige robuste Schätzer für die Parameter μ und σ der Normalverteilung besprechen. In den nachstehenden Zitaten werden zunächst zwei solche Schätzer für den Erwartungswert μ beschrieben.

Die gebräuchliche Methode (die Bestimmung des Stichprobenmittels) ist weder allgemein befolgt, noch ohne Einschränkungen

verwendet worden. Zum Beispiel geht man in gewissen Provinzen Frankreichs folgendermaßen vor, um den mittleren Ertrag einer Anbaufläche zu bestimmen. Man beobachtet den Ertrag durch zwanzig aufeinanderfolgende Jahre hindurch, entfernt den geringsten und den größten Ertrag und nimmt den achtzehnten Teil der Summe der anderen Erträge.

ANONYMUS, 1821

In diesem Zitat wird, in heutiger Terminologie, ein

α-gestutztes Mittel $$\bar{x}_{n,\alpha} = \frac{1}{n-2[n\alpha]} \sum_{i=[n\alpha]+1}^{n-[n\alpha]} x_{i:n}$$

beschrieben. Für $n = 20$ und $\alpha = 0.05$ ist nämlich $n-2[n\alpha] = 18$, $[n\alpha]+1 = 2$ und $n-[n\alpha] = 19$. Dabei bedeutet $[x]$ die größte ganze Zahl $\leq x$.

Nehmen wir z.B. an, man hätte tausendundeine Beobachtung ein und derselben Größe: das arithmetische Mittel aller dieser Beobachtungen ist das Resultat, welches durch die vorteilhafteste Methode geliefert wird. Aber man könnte z.B. das Resultat gemäß der Bedingung auswählen, daß die Summe seiner Abweichungen von jedem Beobachtungswert, alle positiv genommen, ein Minimum sei. ... Ordnet man die durch die Beobachtungen gegebenen Werte nach ihrer Größe, so sieht man leicht, daß derjenige Wert, der in der Mitte liegt, die obige Bedingung erfüllen wird. Die Rechnung zeigt, daß derselbe in dem Fall einer unendlichen Anzahl von Beobachtungen mit der Wahrheit zusammenfallen würde. Aber das durch die vorteilhafteste Methode gegebene Resultat ist doch vorzuziehen.

LAPLACE, 1814

In obigem Zitat wird der Stichprobenmedian eingeführt. Unter dem Stichprobenmedian $\tilde{x}_n = \text{median}(x_1,\dots,x_n)$ der Werte $x_1,\dots,x_n$ versteht man üblicherweise

- den in der Mitte liegenden Wert der der Größe nach geordneten Werte $x_{1:n} \leq x_{2:n} \leq \dots \leq x_{n:n}$, sofern n ungerade ist und
- das arithmetische Mittel der beiden in der Mitte liegenden Werte, sofern n gerade ist.

Alternativen für s_n sind etwa der mit Hilfe der mittleren absoluten Abweichung vom Stichprobenmedian definierte Schätzer

$$\bar{s}_n = \bar{c} \cdot \frac{1}{n} \sum_{i=1}^{n} |x_i - \tilde{x}_n| \qquad \text{mit } \bar{c} = \sqrt{\pi/2} \cong 1.253314$$

und der mit Hilfe des Medians der absoluten Abweichungen vom Stichprobenmedian definierte, robuste Schätzer

$$\tilde{s}_n = \tilde{c} \cdot \text{median}(|x_1 - \tilde{x}_n|,\dots,|x_n - \tilde{x}_n|) \qquad \text{mit } \tilde{c} = \frac{1}{\Phi^{-1}(3/4)} \cong 1.482611 .$$

(Für das <u>Beispiel</u> ergeben sich folgende Schätzwerte für μ :

Das Stichprobenmittel $\bar{x}_n = 404.590$,

das 0.05-gestutzte Mittel $\bar{x}_{n,0.05} = 404.422$ und

der Stichprobenmedian $\tilde{x}_n = 404$.)

und folgende Schätzwerte für σ :

$s_n = 6.467$, $\bar{s}_n = 5.254$ und $\tilde{s}_n = 4.448$.

Die Schätzwerte für μ zeigen keine nennenswerte Unterschiede, die Schätzwerte für σ hingegen sehr wohl. Namentlich der Unterschied von s_n und $\tilde{s}_n$ ist beträchtlich. Er kommt dadurch zustande, daß die als Ausreißer anzusehenden Werte

375 und 437

s_n wesentlich beeinflussen (erhöhen), während sie sich auf $\tilde{s}_n$ nicht auswirken. Die Sensitivität von s_n bzw. die Robustheit von $\tilde{s}_n$ gegenüber Ausreißern kommt auch in Abbildung 4 gut zum Ausdruck.)

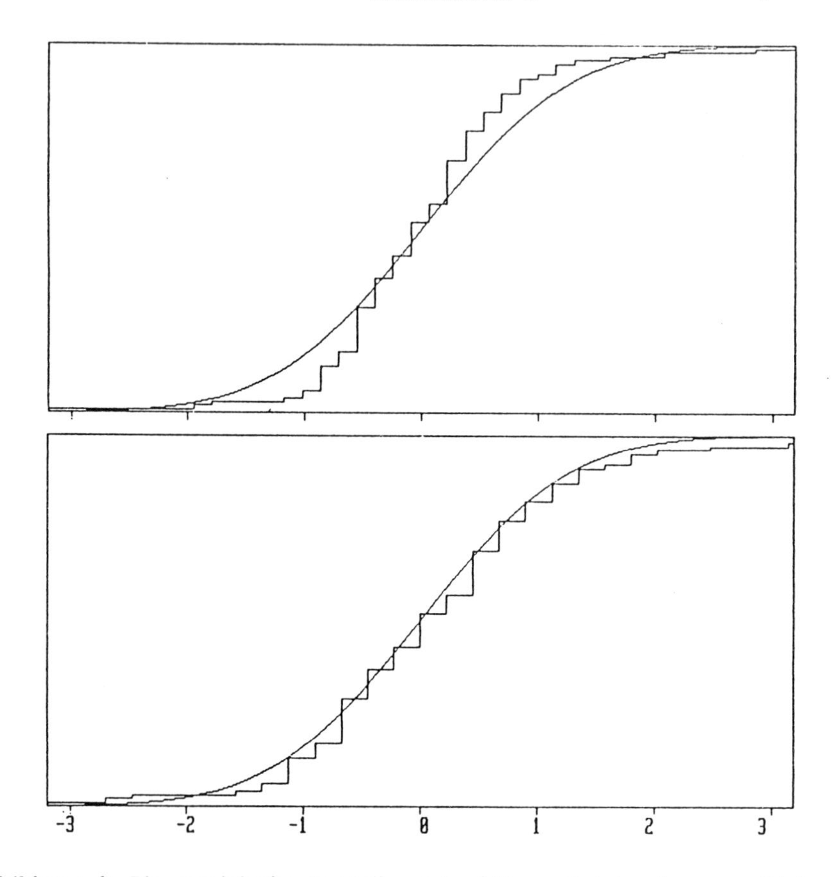

Abbildung 4: Die empirische Verteilungsfunktion $F_n(x)$ der vermittels $\bar{x}_n$ und s_n standardisierten Werte unterscheidet sich von der Verteilungsfunktion $\Phi(x)$ der Standardnormalverteilung mehr und anders (oben), als die empirische Verteilungsfunktion $\tilde{F}_n(x)$ der vermittels $\tilde{x}_n$ und $\tilde{s}_n$ standardisierten Werte $\tilde{z}_i = (x_i - \tilde{x}_n)/\tilde{s}_n$ (unten).

Die Erkenntnis, daß Ausreißer selbst bei Präzisionsmessungen eher die Regel als die Ausnahme sind, ist nicht neu:

> *In der Praxis treten große Abweichungen häufiger auf, als man auf Grund der Normalverteilung erwarten würde.*
>
> NEWCOMB, 1886

Zur praktischen und theoretischen Bewältigung dieses Problems haben ursprünglich vorwiegend Astronomen beitragen. Dabei gilt jene, namentlich durch NEWCOMB, STEWART und JEFFREYS vertretene Richtung, welche sich der Mischung von Normalverteilungen bediente, als Vorläuferin der robusten Statistik von heute. Diese Entwicklung ist jedoch durch wesentliche Fortschritte auf dem Gebiet der parametrischen Statistik (und unter Verwendung des mathematisch bequemen Kriteriums des quadratischen Fehlers) unterbrochen worden.

Symptomatisch dafür ist die Auseinandersetzung des Physikers EDDINGTON und des Statistikers FISHER über die relativen Vorzüge der Schätzer $\bar{s}_n$ und s_n (um 1920). Während EDDINGTON, wohl aus praktischen Erwägungen heraus, die Verwendung des Schätzers $\bar{s}_n$ propagierte, wies FISHER nach, daß s_n unter Voraussetzung normalverteilter Beobachtungen die kleinstmögliche Varianz besitzt und ungefähr um 12% effizienter als $\bar{s}_n$ ist.

Ein Historiker wird eine wesentliche Einstellungsänderung um 1920 feststellen. Diese war eine Folge des brillianten Werkes von R.A.FISHER, der unter Annahme der Normalität gezeigt hat, daß aus Stichproben jeglicher Größe Schlußfolgerungen von äußerst weitreichendem praktischen Nutzen gezogen werden können. Das Vorurteil zugunsten der Normalverteilung machte sich wieder in voller Stärke breit, das Interesse an der Nicht-Normalität trat in den Hintergrund ... und die Bedeutung der zugrundeliegenden Voraussetzungen geriet nahezu in Vergessenheit. Sogar den wenigen ... , die selbst auf diesem Gebiet arbeiteten, schien es darum zu gehen, nachzuweisen, daß "Nicht-Normaltät keine Rolle spielt": wir wollten die Theorie genauso gut wie schön finden. Hinweise in Lehrbüchern auf die getroffenen Grundvoraussetzungen waren höchst oberflächlich. Im Interesse der folgenden Generationen von Studierenden könnten Verbesserungen vorgenommen werden, indem man in künftigen Lehrbüchern in dicken Lettern schreibt:

Die Normalverteilung ist ein Mythos; es gibt sie nicht und es wird sie niemals geben.

Dies ist vom praktischen Standpunkt aus eine Übertreibung, beinhaltet aber eine sicherere Grundhaltung als alle jene, die in den vergangenen zwei Jahrzehnten in Mode waren.

GEARY, 1947

Die weit verbreitete Ansicht war demnach, daß sich kleine Abweichungen vom idealen Modell hinsichtlich der Güte bestimmter statistischer Verfahren nur geringfügig auswirken würden. Die Erkenntnis, daß dies ein Fehlurteil ist, setzte sich erst um die Mitte dieses Jahrhunderts durch.

Die stillschweigende Annahme bei der Mißachtung der Abweichungen von idealen Modellen war, daß diese nicht ins Gewicht fallen würden; d.h. daß sich statistische Verfahren, welche unter dem exakten Modell optimal sind, unter dem Näherungsmodell als annähernd optimal sein würden. Diese Annahme stellte sich jedoch häufig als völlig falsch heraus: sogar geringfügige Abweichungen hatten oft viel größeren Einfluß, als die meisten Statistiker vermuteten.

TUKEY, 1960

In der klassischen (parametrischen) Statistik werden Resultate unter der Voraussetzung hergeleitet, daß die parametrischen

Modelle (wie die Normalverteilung) wirklich zutreffend sind. Dies ist jedoch, vielleicht von einigen einfachen diskreten Modellen abgesehen, niemals der Fall. Man mag drei Hauptursachen für die Abweichungen unterscheiden: (i) das Runden und Gruppieren von Daten oder sonstige "lokale Ungenauigkeiten"; (ii) das Auftreten von "groben Fehlern" bedingt durch Pfusch beim Messen, falsch gesetzte Dezimalpunkte, Irrtümer beim Übertragen von Daten, versehentliche Messung eines Elements einer anderen Grundgesamtheit oder schlicht dadurch, daß "etwas schief lief"; (iii) das Modell mag ohnehin nur als Approximation aufgefaßt worden sein, z.B. kraft des zentralen Grenzverteilungssatzes.

HAMPEL, 1973

Eines der einfachsten Modelle für solche Abweichungen ist das sogenannte Kontaminationsmodell. Auf normalverteilte Grundgesamtheiten angewendet, kann es folgendermaßen beschrieben werden.

Der Fehler einer zufällig ausgewählten Beobachtung ist mit Wahrscheinlichkeit $1 - \varepsilon$ gemäß einer Normalverteilung mit Erwartungswert 0 und mit Wahrscheinlichkeit ε gemäß einer unbekannten Verteilung verteilt. Dabei ist $\varepsilon > 0$ und klein im Vergleich zu 1 .

Es ist ein Modell für grobe Fehler und geht auf JEFFREYS zurück. HUBER (1964,65 und 68) hat in seinen bahnbrechenden Arbeiten die Auswirkungen der in dieser oder ähnlicher Art definierten Abweichungen von parametrischen Modellen auf statistische Tests, Konfidenzintervalle und Schätzer von Lageparameter untersucht. Er hat damit zusammen mit ANSCOMBE (1960), TUKEY (1960) und HAMPEL (1968) einen Forschungsschwerpunkt der Statistik begründet, oder zumindest wiederbegründet:

Die Robuste Statistik, das ist die Statistik von annähernd parametrischen Modellen.

LITERATUR

Da eine ausführliche Dokumentation der verwendeten Literatur den Rahmen dieses einführenden Artikels sprengen würde, sei darauf verzichtet. Die drei angegebenen Bücher sind die ersten Darstellungen der Robusten Statistik in Buchform. Sie geben eine eingehende Motivation und einen Überblick über robuste Versionen bekannter statistischer Verfahren, wobei dem jeweiligen Zugang verschiedene Konzepte zugrunde liegen. Mit Ausnahme des erstgenannten Buches setzt die Lektüre größtenteils solide Mathematikkenntnisse voraus.

HOAGLIN,D.C., MOSTELLER,F. and J.W.TUKEY: Understanding Robust and Exploratory Data Analysis. John Wiley & Sons, New York 1983

HUBER,P.J.: Robust Statistics. John Wiley & Sons, New York 1981

HAMPEL,F.R., RONCHETTI,E.M., ROUSSEEUW,P.J. and W.A.STAHEL: Robust Statistics - The Approach based on Influence Functions. John Wiley & Sons, New York 1986

Anmerkung: Folgende Personen haben bei der Entstehung dieses Artikels beratend mitgewirkt: R.Dutter (TU Wien), E.Kunert (Werkschulheim Felbertal), M.Österreicher (Akademisches Gymnasium), C.Reichsöllner und M.Thaler (Universität Salzburg).

Zufallsgesetze in chaotischen dynamischen Systemen

C. Reichsöllner und M. Thaler

Das Interesse an der Erforschung der globalen Struktur von dynamischen Systemen hat in den letzten Jahren stark zugenommen. Vor allem die Möglichkeiten, die durch den Computereinsatz eröffnet wurden, wie das Erstellen und Erhärten von Hypothesen durch Computerexperimente und die eindrucksvolle graphische Veranschaulichung komplexer Strukturen am Bildschirm, haben dieses Gebiet, dessen Ursprünge im 19. Jahrhundert gelegen sind, nun in verhältnismäßig kurzer Zeit innerhalb und außerhalb der wissenschaftlichen Welt populär gemacht . Es ist in der Tat faszinierend mitzuverfolgen, wie Bilder, die bis vor kurzem bestenfalls in der geistigen Schau einiger Mathematiker vorhanden waren, nun für jedermann einsehbar geworden sind.

Die spezifische Aufgabe des auf diesem Gebiet arbeitenden Mathematikers ist es, die beobachteten und vermuteten Phänomene einer exakten mathematischen Analyse zu unterziehen, indem die Hypothesen in Sätze gefaßt und bewiesen werden. Wie für jede Art von mathematischer Modellierung sind dazu vereinfachende und idealisierende Annahmen vonnöten. Für den Erfolg solcher Forschungstätigkeit ist ausschlaggebend, die Vereinfachungen so einzurichten, daß die resultierenden Modelle einerseits wesentliche Charakteristika der zu erforschenden Realsituationen beibehalten, andrerseits aber einer mathematischen Behandlung zugänglich bleiben. Die in diesem Artikel angeführten Beispiele sind in diesem Sinne zu sehen. Aufgrund der vorliegenden Erfahrungen darf man davon ausgehen, daß das Verständnis dieser einfachen Modelle bereits wertvolle Einsichten in die Struktur komplexer Systeme gewährt und einen entscheidenden ersten Schritt in Richtung mathematischer Durchdringung der in Anwendungsgebieten auftretenden Systeme darstellt.

Im einfachsten Fall besteht ein dynamisches System aus einer Menge B und einer Abbildung (Funktion) $T : B \to B$. B kann zum Beispiel die Zahlengerade, die Ebene, der dreidimensionale oder ein höher dimensionaler Raum sein, oder jeweils ein Teilbereich davon . Die Abbildung T ist eine Vorschrift, mittels der für jeden in B gelegenen Punkt x ein Punkt Tx berechnet werden kann, welcher ebenfalls dem Bereich B angehört. Auf das Ergebnis der Berechnung kann man wieder die Vorschrift T anwenden und erhält so einen weiteren Punkt in B. Diesen Prozeß, der unbeschränkt wiederholt werden kann, nennt man Iteration von T. Ausgehend von einem Startpunkt x_0 erhält man auf diese Weise eine eindeutig bestimmte Reiseroute durch den Bereich B, wobei die jeweils nächste Position mittels T aus der momentanen Position errechnet wird. Schreibt man für die n-malige Anwendung von T kurz T^n $(n = 1, 2, 3, \ldots)$, und bezeichnet $x_0, x_1, x_2, \ldots$ die Abfolge der Positionen, dann sind

$$x_1 = Tx_0$$
$$x_2 = Tx_1 = T^2 x_0$$
$$\vdots$$
$$x_n = Tx_{n-1} = \ldots = T^n x_0 \quad .$$

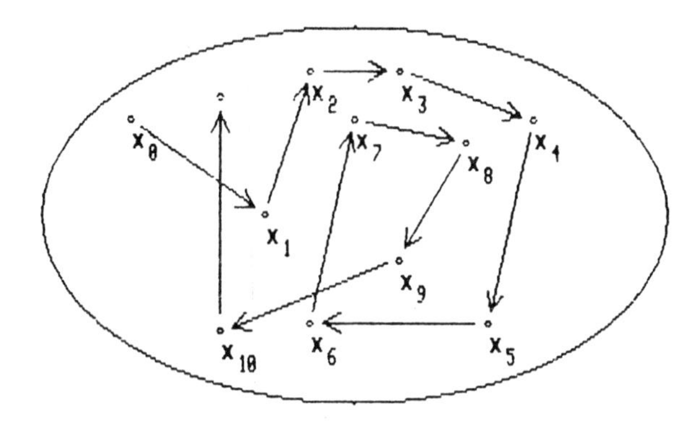

Fig. 1: Durch die Abbildung T ist zu jedem x_0 in B eine eindeutig bestimmte diskrete Bahnkurve mit Startpunkt x_0 gegeben.

Inhalt der mathematischen Theorie der dynamischen Systeme sind Aussagen über das Langzeitverhalten der Bahnkurven. Je nach dem Typ der Aussagen und den verwendeten mathematischen Methoden und Hilfsmitteln unterscheidet man mehrere Hauptrichtungen. Jene Richtung, welche sich mit der Untersuchung statistischer Eigenschaften von dynamischen Systemen beschäftigt, wird als maßtheoretische Ergodentheorie bezeichnet. Die hier besprochenen Fragestellungen sind - dem Hauptinteresse der Autoren entsprechend - dieser Richtung zuzuordnen.

Statistische Fragestellungen ergeben sich in natürlicher Weise beim Studium sogenannter chaotischer Systeme. Als chaotisch bezeichnet man ein dynamisches System dann, wenn unmittelbar benachbarte Startpunkte im allgemeinen zu völlig unterschiedlichen Reiserouten führen. In Figur 2 ist dies anhand der Abbildung $Tx = \log|x|$ und den Startpunkten $x_0 = 2.300$ und $x_0 = 2.303$ illustriert. Der Bereich B ist in diesem Falle die Zahlengerade (vermindert um den Nullpunkt und um jene Punkte, deren Route in den Nullpunkt hineinführen würde. Dies zu erwähnen gebietet das mathematische Gewissen, ist jedoch für statistische Untersuchungen ohne Belang. Wir werden daher solche Feinheiten im weiteren nicht mehr ansprechen.)

In praktischen Anwendungen von dynamischen Systemen entspricht der Wahl eines Startpunktes die Messung bestimmter Größen. Da Messungen stets mit Fehlern behaftet sind, ist der tatsächliche Startpunkt nicht exakt bestimmbar. Das bedeutet, daß für chaotische Systeme deterministische Vorhersagen über Reiserouten nicht möglich sind. (Auch bei exakt gegebenem Startwert ist eine zuverlässige

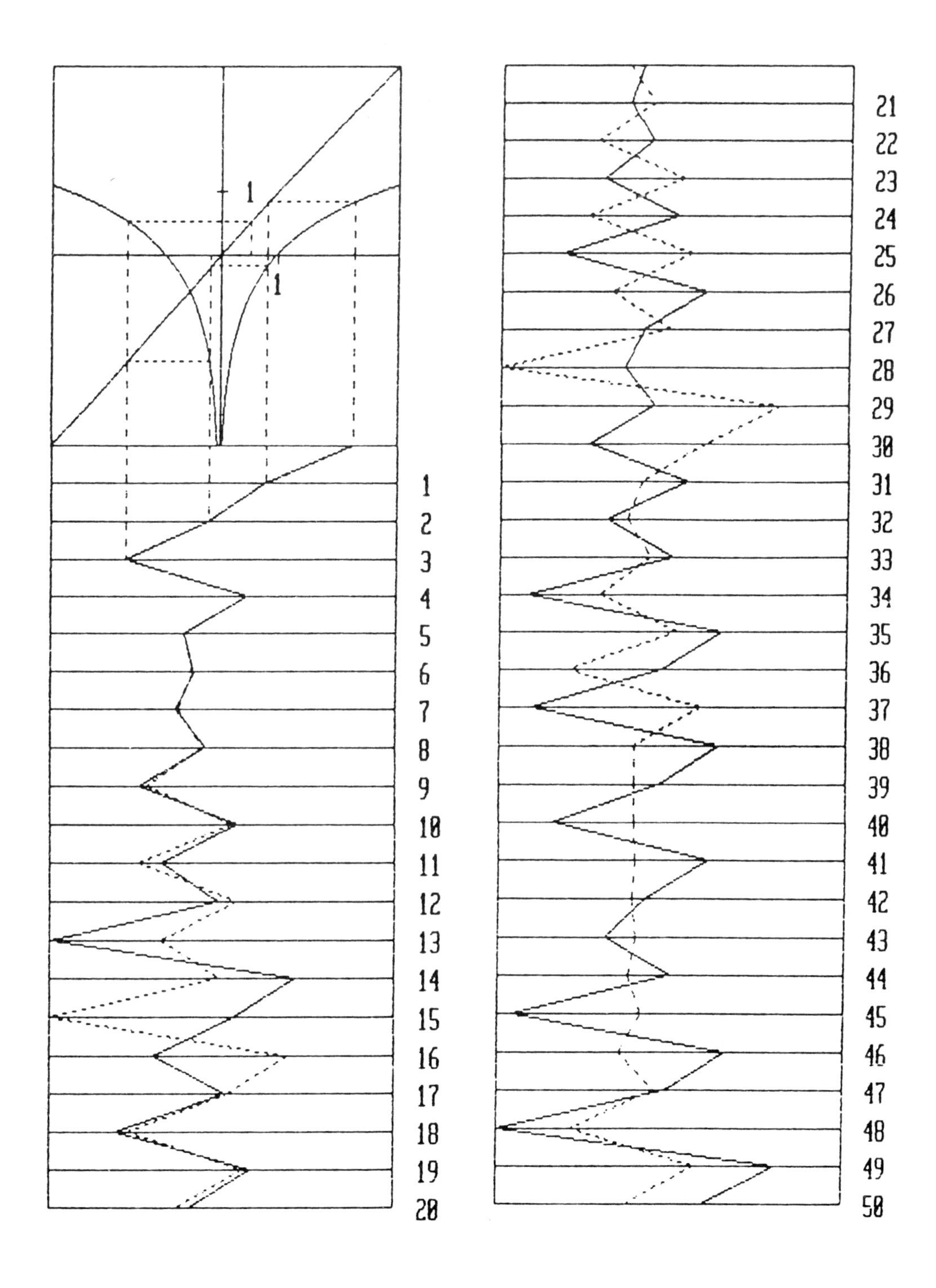

Fig. 2: Bahnkurven mit den Startwerten $x_0 = 2.300$ (ausgezogen) und $x_0 = 2.303$ (strichliert) unter der Abbildung $Tx = \log|x|$. Bereits nach wenigen Iterationsschritten trennen sich die beiden Kurven vollständig voneinander.

Berechnung der Route im allgemeinen nur eingeschränkt möglich, da kleinste Rundungsfehler dieselben verfälschenden Auswirkungen haben wie ungenau bestimmte Startwerte.) Es ist daher naheliegend, statistische Fragen über den möglichen Verlauf der Reiserouten zu stellen, und so aus ursprünglich deterministischen Systemen zufällige Prozesse zu machen. Durch diese Betrachtungsweise findet die in der Meßfehlertheorie seit Mitte des 18. Jahrhunderts übliche und bewährte Praxis, Messungen als Zufallsexperimente anzusehen und folglich mit statistischen Methoden zu behandeln, bei den dynamischen Systemen eine natürliche Fortsetzung. An die Stelle von deterministischen Voraussagen treten statistische Prognosen. Um solche erstellen zu können, ist die Kenntnis der den Systemen innewohnenden Zufallsgesetze erforderlich.

Wir illustrieren diese allgemeinen Bemerkungen nun anhand einiger Fragestellungen zu den Themenkreisen stabile Verteilungen und Grenzverteilungssätze bei eindimensionalen Abbildungen. Als Einstieg wählen wir das alte Problem der näherungsweisen Berechnung von Nullstellen. Um Nullstellen einer reellen Funktion g näherungsweise zu berechnen, kann man (unter geeigneten Voraussetzungen) das sogenannte Newtonsche Verfahren anwenden, welches darin besteht, die Abbildung

$$Tx = x - \frac{g(x)}{g'(x)}$$

in der oben beschriebenen Weise zu iterieren. (g' bezeichnet wie üblich die Ableitung von g.) Als Beispiel betrachten wir zunächst die Funktion $g(x) = x^2 - 1$. Für T ergibt sich in diesem Falle

$$Tx = \frac{1}{2}\left(x + \frac{1}{x}\right).$$

Mittels eines Taschenrechners kann man ganz leicht verfolgen, was die Iteration von T bewirkt. Startet man mit einem positiven Wert x_0, dann nähern sich die Iterierten x_n der Nullstelle $+1$; startet man mit einem negativen x_0, dann nähern sie sich der Nullstelle -1. Zum Beispiel:

x_0	x_1	x_2	x_3	x_4	
5	2.6000	1.4923	1.0812	1,0030	$\ldots \to +1$
-7	-3.5714	-1.9257	-1.2225	-1.0202	$\ldots \to -1$

Das Verhalten dieser Abbildung ist somit alles eher als chaotisch. Alle im positiven bzw. negativen Bereich startenden Bahnkurven nehmen denselben leicht überschaubaren Verlauf.

Um nun Abbildungen mit möglichst unregelmäßigem Verhalten der Bahnkurven zu bekommen, könnte man daran denken, das Newtonverfahren auf Funktionen anzuwenden, die keine reellen Nullstellen haben. Bei geeigneter Wahl solcher Funktionen zeigt sich tatsächlich, daß die Iterierten im Verlaufe des vergeblichen Suchens nach Nullstellen chaotische Bewegungen vollführen. Nehmen wir als Beispiel die Funktion $g(x) = x^2 + 1$. Die zu dieser Funktion gehörige Newton-Abbildung T ist gegeben durch

$$Tx = \frac{1}{2}(x - \frac{1}{x})$$

Durch ein wenig Experimentieren kann man sich leicht selbst davon überzeugen, daß die Bahnkurven nun völlig irregulär verlaufen. Gute qualitative Vorstellungen über die Iteration vermitteln der geometrische Hintergrund des Newton-Verfahrens und der Graph der Abblidung T (siehe Figur 4).

Der chaotische Charakter dieser Abbildung manifestiert sich in einer Reihe schöner statistischer Gesetzmäßigkeiten. Nehmen wir an, der Startpunkt werde gemäß einer Wahrscheinlichkeitsverteilung ausgewählt, welche durch eine Dichte gegeben ist (wie beispielsweise die Gaußverteilung oder die Exponentialverteilung). A sei ein Teilintervall der Zahlengeraden, etwa $A = [a, b]$. Dann lassen sich u.a. die folgenden Aussagen beweisen.

1. Die Wahrscheinlichkeit, daß sich die Bahnkurve nach n Iterationen gerade in A befindet, ist für große n annähernd gleich $P(A)$, wobei $P(A)$ gegeben ist durch

$$P(A) = \int_a^b f(x)dx \quad \text{mit} \quad f(x) = \frac{1}{\pi} \frac{1}{1+x^2} \quad .$$

(f ist die Dichte der Standard-Cauchyverteilung.)

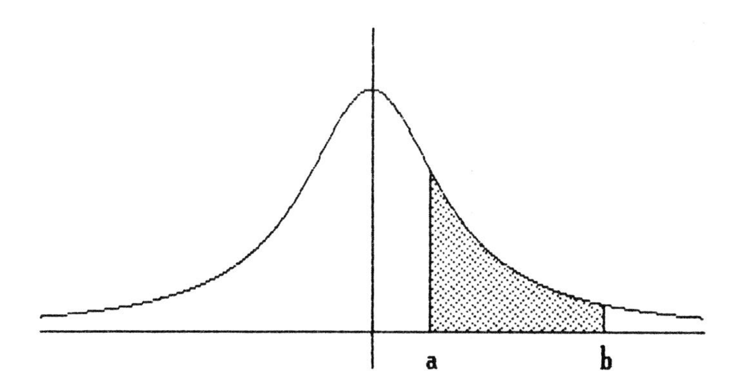

Fig. 3: Graph der Dichte $f(x) = \frac{1}{\pi}\frac{1}{1+x^2}$ (Standard-Cauchyverteilung)

2. Ist der Prozeß bereits einige Zeit lang im Gange, dann ist die mittlere Anzahl der Iterationsschritte zwischen zwei aufeinanderfolgenden Besuchen in A annähernd gleich $\frac{1}{P(A)}$.

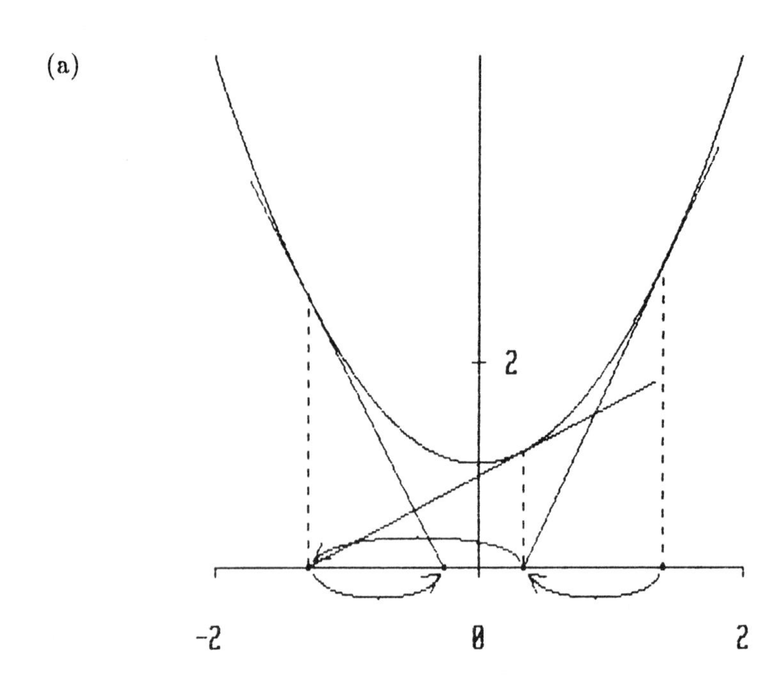

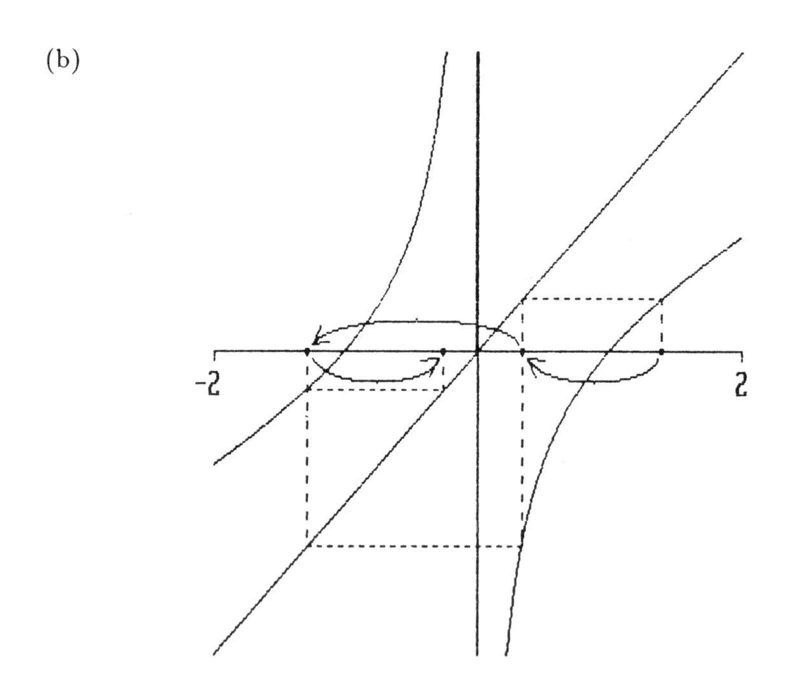

Fig. 4: Anwendung des Newton-Verfahrens auf die Funktion $g(x) = x^2 + 1$.
Konstruktion der Bahnkurven
(a) aufgrund des geometrischen Hintergrundes des Newtonverfahrens
(b) durch Iteration der zugehörigen Newton-Abbildung $Tx = \frac{1}{2}(x - \frac{1}{x})$.

(a)

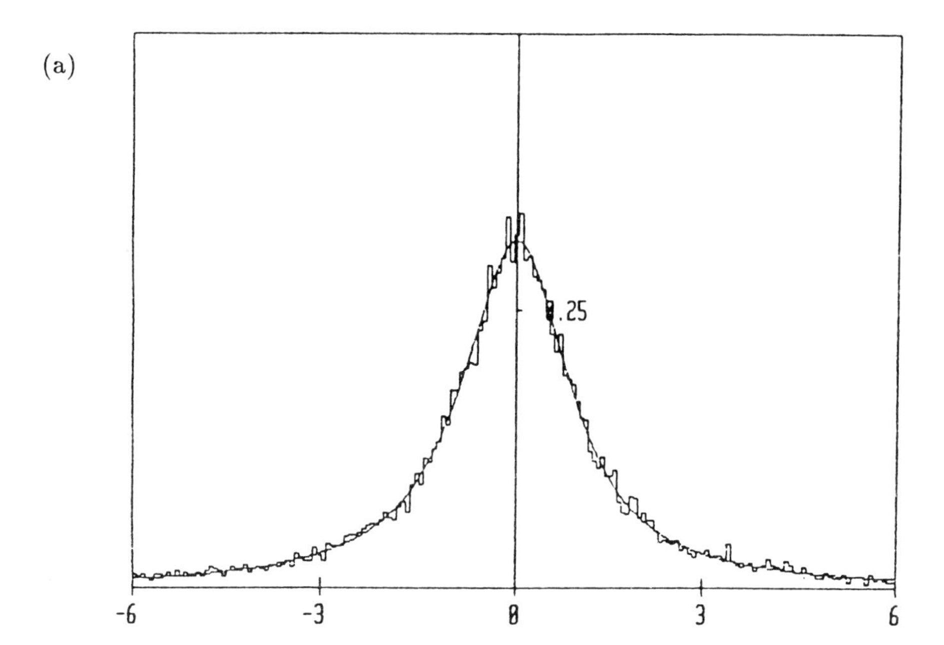

(b)

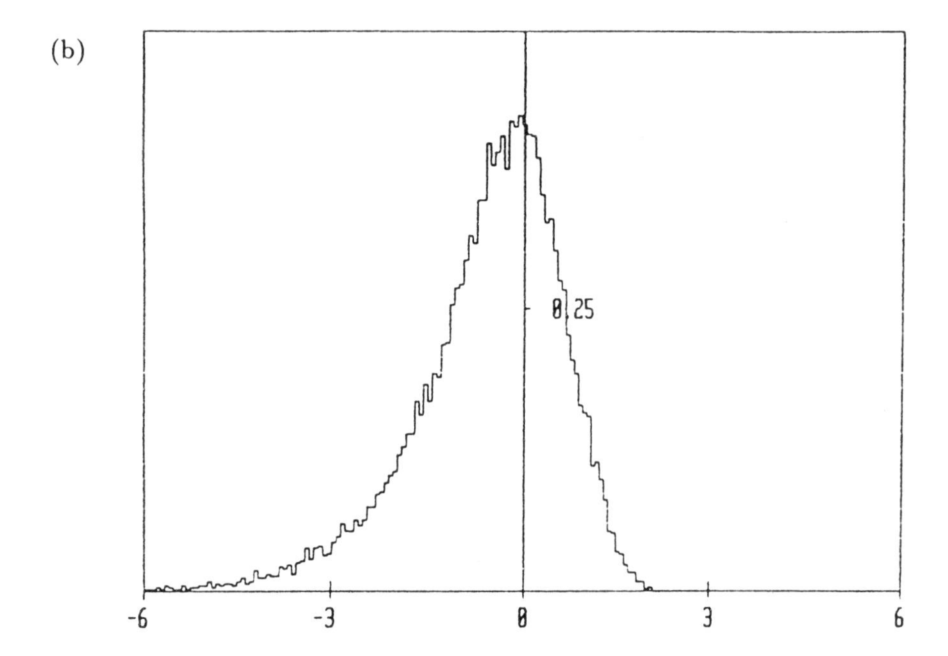

Fig. 5: Histogramme der relativen Verweilzeiten aufgrund von 25000 Iterationen für die Abbildungen

(a) $Tx = \frac{1}{2}(x - \frac{1}{x})$ und (b) $Tx = \log|x|$.

Im Fall (a) kennt man die theoretische Häufigkeitskurve, im Fall (b) nicht.

3. Bezeichnet H_n die Anzahl der Besuche (und folglich $\frac{1}{n}H_n$ die relative Verweilzeit) in A im Laufe der ersten n Iterationen, dann gilt: $\frac{1}{n}H_n$ konvergiert für $n \to \infty$ mit Wahrscheinlichkeit 1 gegen $P(A)$.

Diese letztere Eigenschaft läßt sich sehr schön mittels Computerversuchen bestätigen. Die Graphik (a) in Figur 5 zeigt das Ergebnis von 25000 Iterationen in Form eines Histogrammes. Die theoretische Häufigkeitskurve wird bereits gut angenähert.

Die oben angeführten Aussagen zeigen, daß die Standard-Cauchyverteilung für diese Abbildung T eine ganz besondere Rolle spielt. Sie hat zusätzlich zu den bereits erwähnten die folgende Eigenschaft. Wählt man den Startpunkt gemäß dieser Verteilung, dann ist die Wahrscheinlichkeit, nach n Schritten in A zu sein, für jedes Teilintervall A der Zahlengeraden unabhängig von n gleich $P(A)$. Aus diesem Grund heißt diese Verteilung stabil oder invariant für T. (Sie ist die einzige durch eine Dichte beschreibbare Wahrscheinlichkeitsverteilung mit dieser Eigenschaft.)

Stabile Verteilungen bilden ein zentrales Thema der Ergodentheorie. Wie im oben betrachteten Fall die Standard-Cauchyverteilung enthalten stabile Verteilungen ganz allgemein in konzentrierter Form wesentliche Informationen über das statistische Verhalten der Systeme und können daher in gewissem Sinn als deren statistische Visitenkarte betrachtet werden. Im allgemeinen sind allerdings bereits die Fragen, ob ein System überhaupt eine (durch eine Dichte beschreibbare) stabile Verteilung besitzt und , wenn ja, ob diese Verteilung eindeutig bestimmt ist, schwierige Probleme. Die stabile Verteilung wie im obigen Beispiel durch eine Formel anzugeben, ist nur für einige wenige Typen von Abbildungen möglich. Für die bereits früher erwähnte Abbildung $Tx = \log|x|$, zum Beispiel, ist bekannt, daß sie eine eindeutig bestimmte stabile Verteilung mit einer Dichte analog der obigen Funktion f besitzt. Das Histogramm in Figur 5(b), welches ebenfalls auf der Basis von 25000 Iterationen erstellt wurde, gibt eine gute Vorstellung, wie die Dichte aussehen könnte. Eine wie immer geartete formale Darstellung konnte bisher noch nicht gefunden werden.

Ein aktuelles Anliegen der Forschung auf diesem Gebiet ist daher zum Beispiel die Frage, wie man aus der Gestalt der Abbildungen auf grundlegende Eigenschaften der stabilen Verteilungen schließen kann.

Wir geben nun noch eine kleine Kostprobe zum Thema Grenzverteilungssätze. Beim Studium statistischer Eigenschaften von chaotischen Systemen stößt man naturgemäß immer wieder auf Zufallsgesetze, welche erstmals im Glücksspielbereich entdeckt worden sind. Als Beispiel hiefür betrachten wir die sogenannten Arcussinusgesetze, die in einfachster Form beim Münzwurf auftreten.

In der Spielersprache läßt sich die einschlägige Fragestellung so formulieren. Eine faire Münze werde fortgesetzt geworfen. Eine der beiden Seiten bringe den Gewinn +1, die andere den Verlust −1. Um die Zufallsschwankungen des Gewinnverlaufes richtig einschätzen zu lernen, interessiert man sich u.a. für die Verteilung der folgenden Zufallsgrößen, wobei n eine beliebige Anzahl sein kann:

Z_n ... der Zeitpunkt des letzten Ausgleichs unter den ersten n Würfen,

Y_n ... der Zeitpunkt des ersten Ausgleichs nach dem n-ten Wurf, und

$V_n = Y_n - Z_n$ ... die Anzahl der Würfe vom letzten Ausgleich im Zeitintervall $[0, n]$ bis zum ersten Ausgleich nach dem Zeitpunkt n.
(Zeitpunkt bedeutet hier die Nummer des Wurfes, und Ausgleich den Gleichstand von Gewinn und Verlust.)

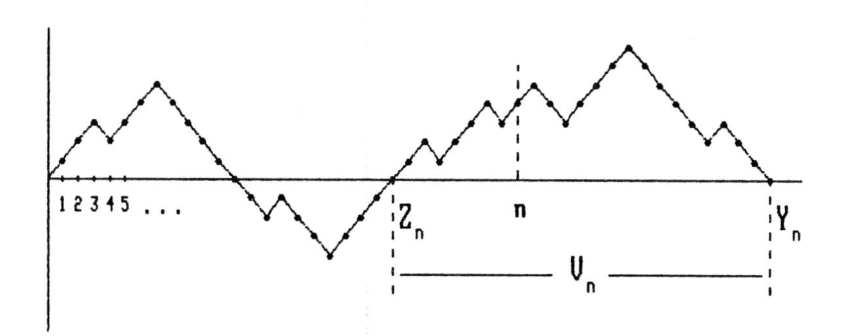

Fig. 6: Möglicher Verlauf der Gewinn-Verlust-Kurve in einer Serie von fairen Spielen

Die exakte Berechnung der Verteilung der Zufallsgrößen Z_n, Y_n und V_n ist aufwendig. Keine Schwierigkeit bereitet die näherungsweise Berechnung der Verteilungen für große n, da schönes Grenzverhalten vorliegt.

Es gelten nämlich folgende Grenzwertaussagen:

$$\text{(a)} \quad \lim_{n\to\infty} P\left(\frac{1}{n} Z_n \leq x\right) = \frac{1}{\pi} \int_0^x \frac{1}{\sqrt{t(1-t)}} dt, \quad 0 \leq x \leq 1;$$

$$\text{(b)} \quad \lim_{n\to\infty} P\left(\frac{1}{n} Y_n \leq x\right) = \frac{1}{\pi} \int_1^x \frac{1}{t\sqrt{t-1}} dt, \quad x \geq 1;$$

$$\text{(c)} \quad \lim_{n\to\infty} P\left(\frac{1}{n} V_n \leq x\right) = \int_0^x h(t) dt, \quad x \geq 0,$$

$$\text{wobei} \quad h(t) = \frac{1}{\pi} \quad t^{-\frac{3}{2}} \begin{cases} 1 - \sqrt{1-t}, & 0 < t \leq 1, \\ 1, & t > 1, \text{ ist.} \end{cases}$$

Die Schaubilder der Kurven, über die integriert wird, sind die ausgezogenen Linien in den Graphiken der Figur 8.

Solche Grenzverteilungssätze werden als Arcussinusgesetze bezeichnet, da die Verteilungsfunktionen der Grenzverteilungen mittels der Arcussinusfunktion dargestellt werden können.

Wir übersetzen diese Fragestellungen nun in die Sprache der dynamischen Systeme. Als Beispiel wählen wir diesmal eine Abbildung des Intervalles [0,1] in sich und zwar

$$\begin{cases} Tx = \frac{x(2x+1)}{1+2x-4x^2}, & 0 \leq x \leq \frac{1}{2}, \\ Tx = T(x - \frac{1}{2}), & \frac{1}{2} < x \leq 1 \end{cases}$$ (siehe Figur 7).

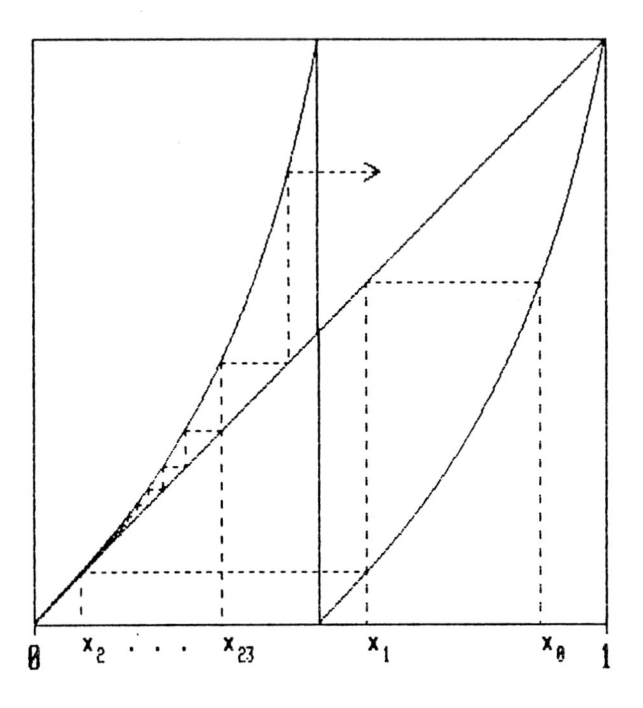

Fig. 7: Eine Abbildung des Intervalles [0,1] in sich, deren statistische Eigenschaften durch das langsame Wandern der Iterierten in der Nähe des Nullpunktes bestimmt sind.

Die statistischen Eigenschaften dieser Abbildung werden weitgehend durch die langen Verweilzeiten in der Nähe des Nullpunktes bestimmt und unterscheiden sich wesentlich von denen der früheren Beispiele. Insbesondere gibt es keine stabile Wahrscheinlichkeitsverteilung mit einer Dichte. Interessanterweise ist das statistische Verhalten dieser Abbildung dem der obigen Spielsituation sehr nahe verwandt. Dies äußert sich zum Beispiel dadurch, daß die vorhin angegebenen Arcussinusgesetze auch hier gelten. Eine entsprechende Fragestellung lautet nun folgendermaßen.

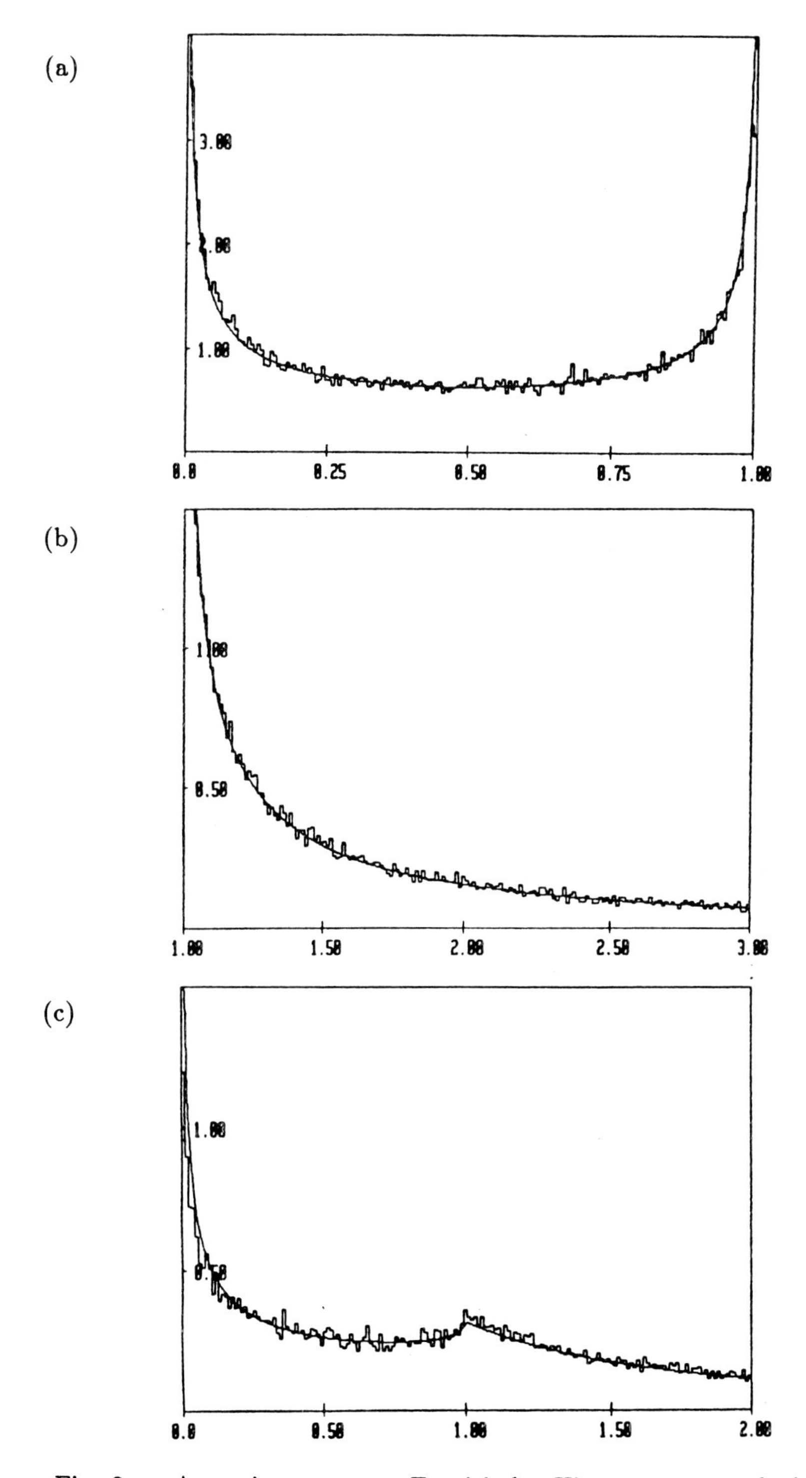

Fig. 8: Arcussinusgesetze: Empirische Histogramme und theoretische Grenzverteilungen

Eine Zahl n wird fest vorgegeben. Ein Startpunkt x_0 wird zufällig aus dem Intervall $A = [\frac{1}{2}, 1]$ ausgewählt, und die zugehörige Bahnkurve wird generiert. Was im Spielkontext der Ausgleich war, ist nun die Rückkehr in das Intervall A. Dementsprechend bezeichne hier

Z_n ... den Zeitpunkt des letzten Besuches in A im Zeitintervall $[0, n]$,

Y_n ... den Zeitpunkt des ersten Besuches in A nach dem Zeitpunkt n, und

$V_n = Y_n - Z_n$.

Für die so definierten Zufallsgrößen Z_n, Y_n und V_n gelten genau dieselben Grenzwertaussagen wie oben.

Auch diese Gesetzmäßigkeiten lassen sich recht schön durch Computerversuche bestätigen. In Figur 8 sind die Ergebnisse von 50000 Versuchen für $n = 350$ mittels Histogrammen dargestellt. Zum Vergleich sind die Dichten der Grenzverteilungen eingezeichnet.

Arcussinusgesetze führen zu unerwarteten Einsichten. Auf den ersten Blick überraschend ist zum Beispiel, daß die Grenzverteilung für Z_n symmetrisch ist, und daß Z_n offenbar mit größerer Wahrscheinlichkeit am Rande des Zeitintervalls $[0, n]$ liegt als in der Mitte.

Zum Thema Grenzverteilungssätze bei dynamischen Systemen wurden in den letzten Jahren eine Reihe interessanter Resultate erzielt, und es ist zu erwarten, daß weitere folgen werden.

Die Literatur über dynamische Systeme ist in schnellem Wachstum begriffen. Während es zu verschiedenen anderen Aspekten von dynamischen Systemen bereits sehr gute Literatur gibt, die sich auch an Nicht-Fachleute wendet, erfordert der allergrößte Teil der uns bekannten Literatur über statistische Aspekte ein gerüttelt Maß an Vorkenntnissen aus verschiedenen Teilgebieten der Mathematik, eine Lücke im Literaturangebot, die hoffentlich in den nächsten Jahren geschlossen wird. Wir sehen daher hier von einer Auflistung von Literatur ab, stehen aber für diesbezügliche Informationen gerne zur Verfügung.

DAMEN AUF SCHACHBRETTERN

Michael Revers

Die Frage :

Wieviele Damen muß man auf einem Schachbrett aufstellen, damit jedes Feld von mindestens einer Dame bedroht wird ?

	A	B	C	D	E	F	G	H
1		x				x		
2		x			x			
3		x		x				
4	x	x	x					
5	x	●	x	x	x	x	x	x
6	x	x	x					
7		x		x				
8		x			x			

z.B. Dame auf (B,5) gesetzt. Dann werden alle mit (x) bezeichneten Felder bedroht. Das Feld (B,5) ist auch bedroht.

Die Antwort :

Man benötigt fünf Damen.

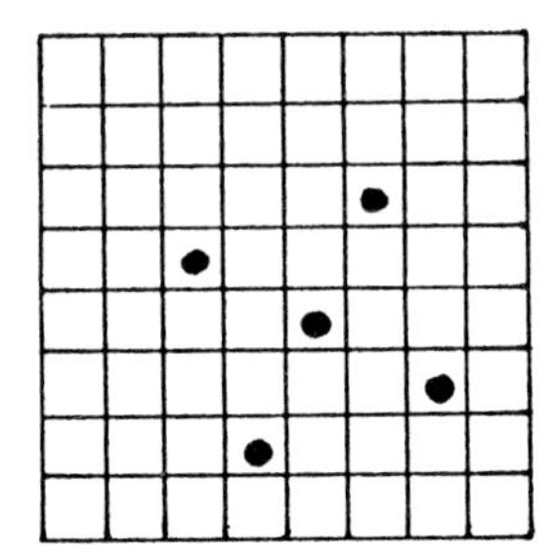

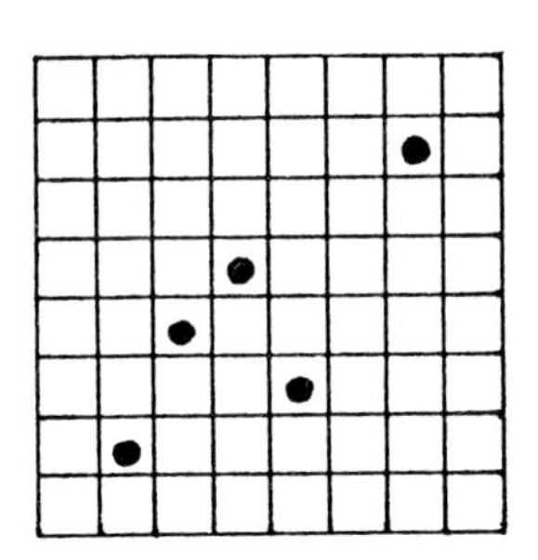

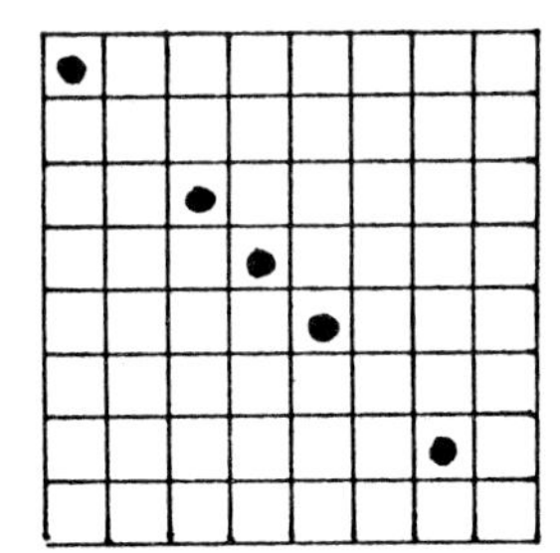

Es ist also nicht möglich, das Schachbrett mit weniger als fünf Damen zu bedrohen, denn in so einem Fall gäbe es zumindest ein Feld auf dem Schachbrett, das nicht von einer Dame bedroht werden würde. Wie man sieht gibt es aber mehrere Möglichkeiten das Schachbrett mit fünf Damen zu bedrohen.
In diesem Zusammenhang wäre es auch interessant zu wissen, wieviele *wesentlich verschiedene Möglichkeiten* es für Damenaufstellungen, die eine vollständige Bedrohung gewährleisten, überhaupt gibt.

Das gewöhnliche Schachbrett besteht aus 8×8 Feldern. Man kann jedoch auch andere "Schachbretter" betrachten :

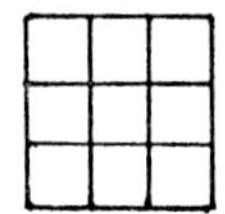
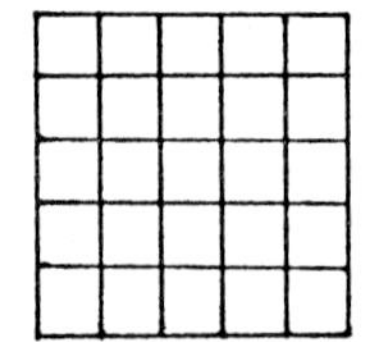
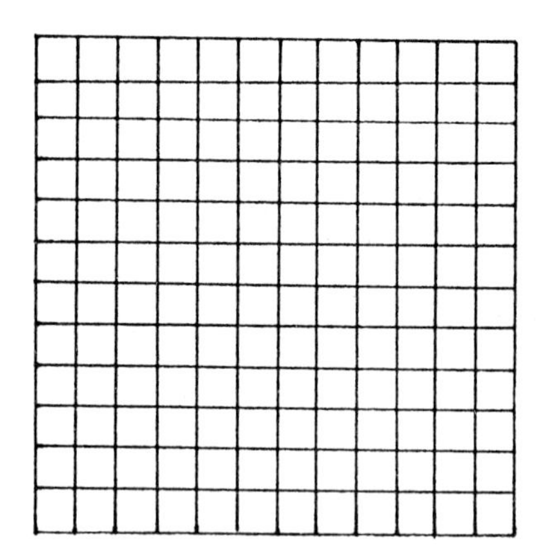

Wieviele Damen braucht man auf diesen Brettern jeweils, um eine vollständige Überdeckung aller Felder zu gewährleisten ?

Da die Größe eines Schachbrettes eindeutig durch die Anzahl seiner Spalten (oder Zeilen) charakterisiert ist, kann man die Anzahl der Damen in Abhängigkeit von der Grösse des jeweiligen Schachbrettes betrachten. Damit wird die minimale Anzahl der Damen zu einer *Funktion* von der Schachbrettgröße.

Etwas exakter formuliert :

Hat man ein $n \times n$ Schachbrett, also ein Schachbrett mit n Zeilen und n Spalten, dann bezeichnet man mit d_n die minimale Anzahl der Damen, die für eine vollständige Bedrohung aller Felder auf einem solchen Schachbrett notwendig ist.

Einige Resultate :

$d_1 = 1$	$d_4 = 2$	$d_7 = 4$	$d_{10} = 5$
$d_2 = 1$	$d_5 = 3$	$d_8 = 5$	$d_{11} = 5$
$d_3 = 1$	$d_6 = 3$	$d_9 = 5$	$d_{12} = 6$

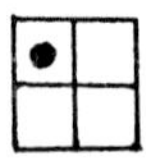
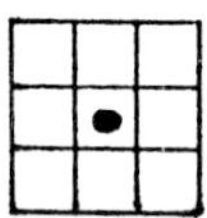
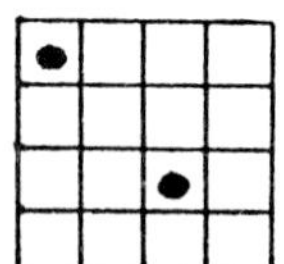

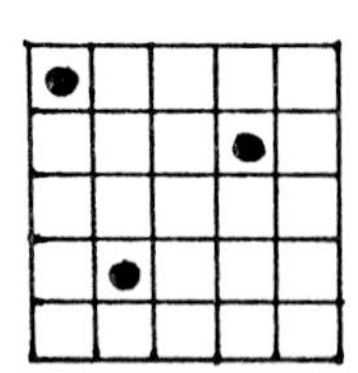
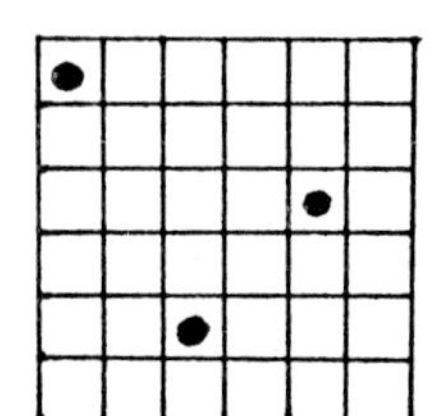

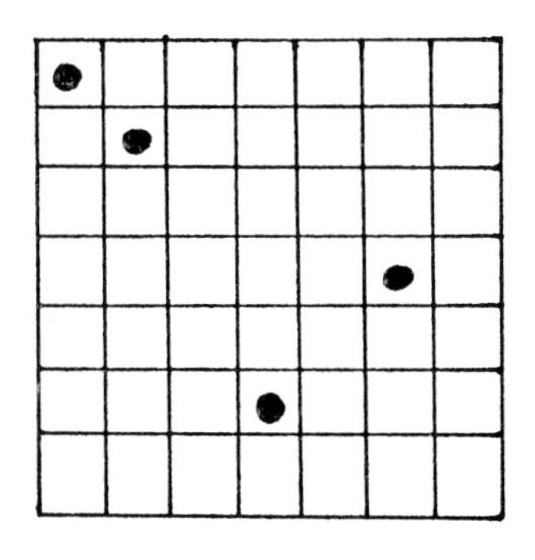
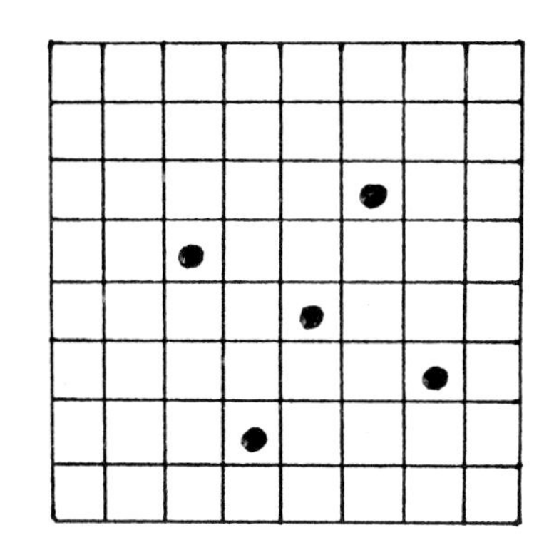
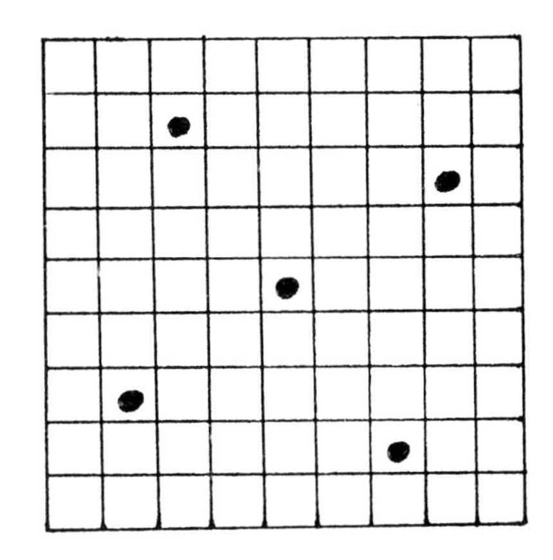
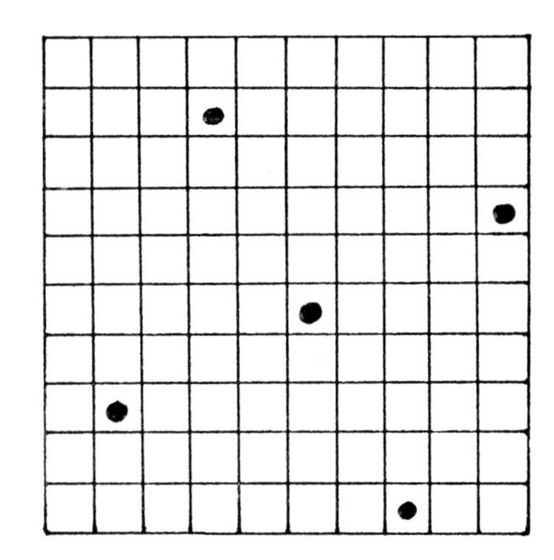
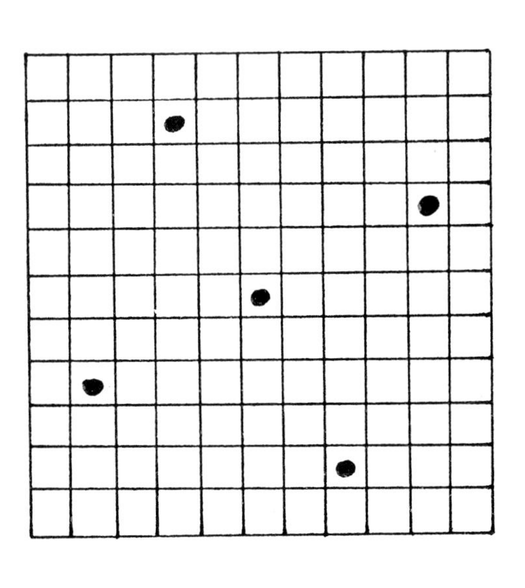
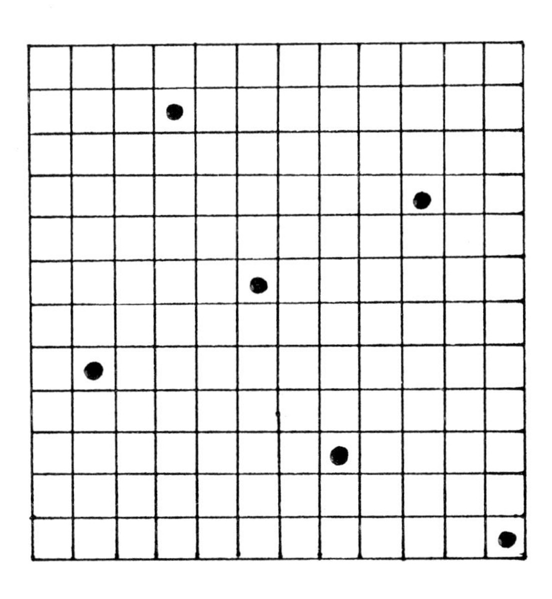

Für größere Schachbretter sind keine weiteren exakten Resultate bekannt. Es sind zwar noch einige weitere Damenaufstellungen bekannt, man weiß allerdings nicht sicher, ob sie die bestmöglichen Ergebnisse sind.

Alle diese Lösungen wurden mit Hilfe eines Computers gefunden. Da die verwendeten Algorithmen für das Auffinden der ebengenannten Lösungen sehr rechenintensiv sind, ist es so gut wie unmöglich, weitere Computerlösungen zu erhalten, es sei denn, man findet geeignetere Suchverfahren. Nach dem verwendeten Algorithmus braucht man für das 12 × 12 Schachbrett über 400 Millionen Tests, um die minimale Damenanzahl zu finden.Nimmt man an, daß ein Computer in der Lage wäre, genau eine Milliarde verschiedener Konfigurationen pro Sekunde zu testen, dann würde dieser Computer ungefähr dreihundert Jahre rechnen, um feststellen zu können, ob man mit zehn Damen das 20 × 20 Schachbrett bedrohen kann. Falls sich dann herausstellen sollte, daß man mit zehn Damen auf dem 20 × 20 Schachbrett nicht auskommt, müßte man weitere dreihundert Jahre investieren, um mit elf Damen alles durchzutesten, usw., bis man schließlich zu einer Lösung gelangt.

Das Problem der minimalen Bedrohung von Damen auf Schachbrettern ist, aus der Sichtweise der Mathematik gesehen, äußerst hartnäckig. Die Funktion d_n gehört zu dem Bereich der *zahlentheoretischen Funktionen*, die sich in den meisten Fällen nur sehr schwer durch gewisse einfache Gesetzmäßigkeiten beschreiben lassen. Trotzdem kann man des öfteren für das Mittel der ersten n Funktionswerte einer zahlentheoretischen Funktion eine Gesetzmäßigkeit finden. Die Funktion

$$\frac{f(1) + f(2) + \ldots + f(n)}{n}$$

verhält sich in vielen Fällen bei wachsenden n asymptotisch wie eine analytische Funktion von n. Setzt man also

$$\frac{1}{n} \sum_{k=1}^{n} f(k) = \phi(n) + R(n)$$

so ist $R(n)$ oft von geringerer Größenordnung in n als $\phi(n)$. Eben die Untersuchung von Mittelwerten zahlentheoretischer Funktionen und vor allem ihrer *Reste* $R(n)$ erfordert häufig die feinsten Hilfsmittel der Analysis. Aufgrund solcher Abschätzungen lassen sich dann Aussagen über den ungefähren Verlauf von solchen Funktionen treffen.

Auch für die Funktion d_n lassen sich mit zahlentheoretischen Methoden gewisse Aussagen über ihre Größenordnung treffen. Erst vor einigen Jahren konnte folgende Ungleichung bewiesen werden:

$$\frac{n}{2} - 1 \quad \leq \quad d_n \quad \leq \quad \frac{5}{8}n + 16\sqrt{n}; \qquad n \geq 1$$

Eine etwas schwächere Ungleichung, deren obere Abschätzung für kleine Werte von n jedoch bessere Resultate liefert ist folgende:

$$\frac{n}{3} \quad \leq \quad d_n \quad \leq \quad \frac{2}{3}n + 2; \qquad n \geq 1$$

AUF DER SUCHE NACH INVARIANTEN MASZEN

Fritz Schweiger

0. Meine mathematischen Arbeiten haben mit der metrischen Zahlentheorie, das sind zum Beispiel statistische Aussagen über die Häufigkeit von Ziffern in Dezimal- oder Kettenbrüchen, begonnen (eine zusammenfassende Darstellung bietet Schweiger 1973). Diese Untersuchungen haben enge Berührungen mit der Ergodentheorie, einem Zweig der Mathematik, der der statistischen Mechanik entstammt und den man ganz grob als den Versuch beschreiben kann, Phänomene wie Mischung und Verteilung (man denke an das Mixen eines Cocktails, an die Diffusion von Gasen, an die Verteilung von Sternen in einem galaktischen Haufen) mathematisch zu erfassen.

Eine grundlegende Fragestellung ist etwa die folgende: Gegeben sei eine Abbildung $T : M \to M$ einer Menge in sich (oft genügt es, daß diese Abbildung "fast überall" definiert ist) und eine σ-Algebra $\mathcal{B}$ von Teilmengen. Gibt es dann ein Maß $\mu : \mathcal{B} \to \mathbb{R}$, welches invariant ist, d.h. die Beziehung

$$\mu(T^{-1} E) = \mu(E)$$

für alle Mengen $E \in \mathcal{B}$ erfüllt? Dabei wird in der Regel nicht die bloße Existenz eines derartigen Maßes gefordert, sondern man verlangt, daß dieses invariante Maß μ zu einem schon gegebenen Maß $\lambda : \mathcal{B} \to \mathbb{R}$ in Beziehung steht, nämlich daß eine Dichte

$$h(x) = \frac{d\mu}{d\lambda}(x)$$

in Form einer integrierbaren oder wenigstens meßbaren Funktion existiere. Noch schöner ist es - und ein Teil meiner mathematischen Arbeiten ist diesem Thema gewidmet - wenn man diese Dichte $h(x)$ explizit angeben, sozusagen als "geschlossenen Ausdruck", hinschreiben kann. Daß dies nicht immer gehen wird, ist von vorneherein klar (ähnlich wie nur wenige Differentialgleichungen durch Quadraturen lösbar sind), macht aber die Sache durchaus reizvoll.

1. Die bekanntesten Beispiele von Abbildungen mit invariantem Maß sind wohl die Kongruenzabbildungen in der Ebene. Kongruente Figuren haben denselben Flächeninhalt, weswegen das 2-dimensionale Lebesguesche Maß invariant gegenüber Kongruenzabbildungen ist. Aus der Transformationsformel für Doppelintegrale folgt leicht, daß jede differenzierbare Abbildung $u = u(x,y)$, $v = v(x,y)$ der Ebene in sich, für welche

$$\frac{\partial(u,v)}{\partial(x,y)} = 1$$

gilt, flächentreu ist, d.h. das 2-dimensionale Lebesguesche Maß invariant ist.

In letzter Zeit wurde in Zusammenhang mit der Theorie "seltsamer Attraktoren" die Hénonabbildung

$$u = x + y^{-1}$$
$$v = y - x - y^{-1}$$

ausführlich untersucht (siehe etwa Devaney 1981). Mein Interesse war auf Abbildungen gerichtet, die nicht bijektiv sind. Derartige Abbildungen treten etwa, wie einige der folgenden Beispiele zeigen, bei zahlentheoretischen Fragen auf (siehe M. Kac 1969). Eine andere Quelle ist die Iterationstheorie, wo statistische Aussagen über die Bahn eines Punktes x_0, also die Folge definiert durch

$$x_{n+1} = f(x_n) ,$$

untersucht werden. Dies hat Beziehungen zur Theorie dynamischer Systeme und ist unter dem Namen Chaostheorie derzeit aktuell geworden.

Für die Suche nach invarianten Maßen (bei gegebenem Maß λ) ist folgende Einsicht wichtig: Es sei $\{ M(k) : k \in I \}$, wo I eine höchstens abzählbare Menge ("Ziffernmenge") durchläuft, eine Partition von M derart, daß T jeweils eingeschränkt auf $M(k)$ injektiv wird. Die Gleichung $Ty = x$ besitzt sodann in jeder Menge $M(k)$ höchstens eine Lösung $y = y(k;x)$. Seien ferner die Funktionen $\omega(k)$

definiert durch

$$\int_{T^{-1}E\cap M(k)} d\lambda = \int_E \omega(k)d\lambda$$

so sieht man, daß eine integrierbare oder nichtnegative meßbare Funktion h genau dann die Dichte eines invarianten Maßes ist, wenn h die Kuzminsche Funktionalgleichung

$$h(x) = \sum_{k\in I} h(y(k;x))\omega(k;x)$$

erfüllt.

Im folgenden werden einige Beispiele in loser Folge vorgestellt. Diese Beispiele sollen den Charme dieser Fragestellungen vermitteln und zugleich zeigen, welche überraschenden Querverbindungen möglich sind.

2. Die einfache Summenformel

$$\sum_{a=1}^{\infty} \left(\frac{1}{x+a} - \frac{1}{x+a+1}\right) = \frac{1}{x+1}$$

ist bei vielen invarianten Maßen im Spiel. Das wichtigste Beispiel ist die folgende mit Kettenbrüchen verbundene Abbildung des Einheitsintervalles in sich:

$$Tx := \frac{1}{x} - k(x), \quad k(x) := \left[\frac{1}{x}\right]$$

Die Iteration dieser Abbildung führt nämlich auf die Formel

$$x = \frac{1|}{|k(x)} + \frac{1|}{|k(Tx)} + \ldots + \frac{1|}{|k(T^{n-1}x)+T^n x}$$

d.h. auf die Entwicklung von x in einen gewöhnlichen Kettenbruch.

Die Gleichung

$$Ty = x$$

hat die Lösungen

$$y = \frac{1}{x+k}\ ; \quad k = 1, 2, 3, \ldots\ .$$

Die Dichte eines endlichen invarianten Maßes muß daher die Gleichung

$$h(x) = \sum_{k=1}^{\infty} h\left(\frac{1}{x+k}\right) \frac{1}{(x+k)^2}$$

erfüllen. Tatsächlich ist

$$h(x) = \frac{1}{1+x}$$

eine Lösung dieser Gleichung, und eine leichte Rechnung zeigt, daß dies gerade auf die eingangs erwähnte Summenformel führt.

Normiert man dieses Maß auf dem Einheitsintervall durch den Faktor $\log 2$ und wendet den Ergodensatz an, so kann man etwa folgende Frage beantworten: Wieviele Ziffern 7 sind statistisch in einer Kettenbruchentwicklung zu erwarten? Die Antwort ist durch

$$\frac{1}{\log 2} \int_{1/8}^{1/7} \frac{dx}{1+x} = \log \frac{64}{63} = 0{,}02272076$$

gegeben. Leider kann man die einfach erscheinende Frage nicht beantworten, ob etwa die Kettenbruchentwicklung von π diese Frequenz aufweist, ja man weiß nicht einmal, ob sie unendlich viele Ziffern 7 enthält.

3. In disem Zusammenhang sei eine 2-dimensionale Abbildung erwähnt, die von Sh. Ito und M. Yuri untersucht wurde (siehe Yuri 1986) und Lösungen für das inhomogene Diophantische Problem, nämlich die Gerade $\alpha x + \beta - y = 0$ durch Gitterpunkte (q,p) zu approximieren, liefert. Man betrachtet auf dem Parallelogramm

$$P = \{(x,y) : 0 \leq y \leq 1, -y \leq x < -y+1\}$$

die Abbildung

$$T(x,y) = \left(\frac{1}{x} - \left[\frac{1-y}{x}\right] - \left[-\frac{y}{x}\right], \; -\frac{y}{x} - \left[-\frac{y}{x}\right]\right).$$

Dann ist

$$h(x,y) = \frac{1}{1-x^2}$$

die Dichte eines invarianten Maßes. Der Beweis ist äquivalent zur

Gültigkeit der Summenformel

$$\sum_{a=2}^{\infty} \frac{a-1}{(a+x)^2} \left(\frac{1}{a+1+x} + \frac{1}{a-1+x}\right) = \frac{1}{1+x}$$

4. Ein hübsches, wenn auch etwas kompliziertes Beispiel hat M. Thaler entdeckt. Es sei

$$P(x) = x^2 + px + q; \quad p \geq -1, \; q > 0$$

ein Polynom zweiten Grades. Die Funktion

$$f(x) = \frac{q}{P(x)+x}$$

ist auf der Halbgeraden $[0,\infty[$ stetig und streng monoton fallend mit

$$f(0) = 1, \quad \lim_{x\to\infty} f(x) = 0 \; .$$

Es existiert daher die Umkehrfunktion

$$f^{-1} : \;]0,1] \to [0,\infty[$$

und

$$Tx := f^{-1}(x) - [f^{-1}(x)]$$

definiert eine Abbildung von $]0,1]$ auf $[0,1[$. Wir behaupten, daß

$$h(x) = \frac{1}{P(x)}$$

die Dichte eines endlichen invarianten Maßes ist. Da die Gleichung

$$Ty = x$$

die Lösungen

$$y = f(x+k) \; ; \quad k = 0, 1, 2, \ldots$$

hat, sieht man nach kurzer Rechnung, daß es hinreichend ist zu zeigen, daß

$$P(x+k)P(x+k+1) = P(P(x+k) + x + k)$$

gilt. Dies sieht nach mühseliger Rechenarbeit aus! Rechts und links stehen aber normierte Polynome vierten Grades. Hat $P(x) = 0$ die Wurzeln α und β , so sieht man aber sofort, daß $\alpha - k$, $\beta - k$, $\alpha - k - 1$, $\beta - k - 1$ Nullstellen beider Seiten sind, weswegen diese Polynome übereinstimmen müssen.

5. Auch der Wurzelsatz von Vieta kann bei der Bestimmung invarianter Maße eine Rolle spielen. Es seien $\eta_1 < \eta_2 < \dots < \eta_n$ reelle Zahlen und $p_1, p_2, \dots, p_n$ positive reelle Zahlen. Die Abbildung

$$Tx = x + \sum_{i=1}^{n} \frac{p_i}{x-\eta_i}$$

bildet die reelle Achse (unter Weglassung der Pole $\eta_1 < \eta_2 < \dots < \eta_n$) auf sich ab. Die Gleichung

$$Ty = x$$

habe die $n+1$ Lösungen $V_0(x), \dots, V_n(x)$. Aus

$$y + \sum_{i=1}^{n} \frac{p_i}{y-\eta_i} = x$$

folgt ferner

$$x^{n+1} - (x + \sum_{i=1}^{n} \eta_i)y^n + b_{n-1}y^{n-1} + \dots + b_1 y + b_0 = 0$$

Dabei spielt die Gestalt der Koeffizienten $b_0, b_1, \dots, b_{n-1}$ keine weitere Rolle mehr! Der Wurzelsatz von Vieta lehrt aber

$$\sum_{j=0}^{n} V_j(x) = x + \sum_{i=1}^{n} \eta_i$$

Das Urbild eines Intervalles $]\alpha,\beta[$ besteht nun aus den $n+1$ Intervallen $]V_j(\alpha), V_j(\beta)[$, $0 \leq j \leq n$. Daher ist

$$\beta - \alpha = \sum_{j=0}^{n} (V_j(\beta) - V_j(\alpha)) .$$

Dies zeigt, daß das Lebesguesche Maß auf der reellen Achse invariant ist.

6. Ein überraschender Zusammenhang zum Satz von Mittag-Leffler über die Partialbruchentwicklung meromorpher Funktionen ist durch das invariante Maß für die Abbildung

$$Tx = \tan x$$

der reellen Achse (vermindert um die Pole $\frac{\pi}{2} + k\pi$; $k = 0, \pm 1, \pm 2, \dots$) gegeben. Die Gleichung

$$Tx = y$$

hat die Lösungen

$$x = \arctan y + k\pi \ ; \quad k = 0, \pm 1, \pm 2, \dots$$

Da

$$\frac{dx}{dy} = \frac{1}{1+y^2}$$

führt der Ansatz

$$h(y) = \frac{1}{y^2}$$

auf die Gleichung

$$\sum_{k=-\infty}^{\infty} \frac{1}{(\arctan y + k\pi)^2} = \frac{1+y^2}{y^2}$$

Setzt man $\pi z = \arctan y$, so erhält man

$$\sum_{k=-\infty}^{\infty} \frac{1}{(z+k)^2} = \left(\frac{\pi}{\sin \pi z}\right)^2$$

Dies ist eine aus der komplexen Analysis wohlbekannte Darstellung.

7. Seit den Arbeiten von Kemperman 1975 und Aaronson 1978 ist es möglich, allgemeine Aussagen über Randfunktionen innerer Funktionen zu beweisen. Sei nämlich $f(z)$ eine auf der oberen Halbebene komplexdifferenzierbare Funktion, die die obere Halbebene auf sich abbildet. Dann existiert (fast überall)

$$Tx := \lim_{y \to 0+} f(x+iy)$$

und definiert daher eine Abbildung der reellen Achse in sich. Besitzt etwa $f(z)$ den Fixpunkt $p + iq$ in der oberen Halbebene, so ist

$$h(x) = \frac{1}{(x-p)^2+q^2}$$

die Dichte eines invarianten Maßes. So besitzt etwa

$f(z) = \frac{2z}{1-z^2}$ den Fixpunkt $z = i$. Daher ist

$$h(x) = \frac{1}{1+x^2}$$

eine invariante Dichte gegenüber

$$Tx = \frac{2x}{1-x^2} \quad .$$

8. Sehr viel Literatur ist in den letzten Jahren über die sogenannte quadratische Abbildung

$$T(\mu,x) = \mu - x^2$$

entstanden, wo $-\frac{1}{4} < \mu \leq 2$ ein Parameter ist. Der Fall $\mu = 2$ ist leicht zu erledigen: Die Gleichung

$$T(2,x) = 2 - x^2 = y$$

hat die beiden Lösungen

$$\sqrt{2-y}, \ -\sqrt{2-y} \ .$$

Das Maß mit der Dichte

$$h(y) = \frac{1}{\sqrt{4-y^2}}$$

ist das gesuchte invariante Maß auf dem Intervall $[-2,2]$. Dieses Maß ist dort zugleich das Gleichgewichtsmaß im Sinne der Potentialtheorie. Ferner ist anzumerken, daß $T(2,x)$ das Tschebyscheffpolynom 2. Ordnung auf diesem Intervall ist.
Seit den Arbeiten von Ruelle 1977, Pianigiani 1979 und Jakobson 1980 kennt man weitere Beispiele bzw. weiß man, daß es unendlich viele Parameterwerte μ gibt, die ein invariantes Maß gestatten, aber vollständig geklärt ist die Sachlage noch lange nicht. Aus den Arbeiten über Chaostheorie folgt, daß jedenfalls $\mu \geq 7/4$ sein muß (denn $\mu \geq 7/4$ bedeutet das Auftreten periodischer Bahnen mit beliebiger Periodenlänge).

9. Zuletzt sei auf die von Kolodziej und Misiurewicz untersuchte Abbildung hingewiesen (siehe Misiurewicz 1981). Hier ist es ein alter geometrischer Lehrsatz, der Satz von Ptolemäus über die Diagonalen eines Sehnenvierecks, welcher die Invarianz des Maßes steuert.
Gegeben sei ein Dreieck ABC , dessen Inkreis s das Dreieck in den Punkten D, E und F berühre. Dabei liege D zwischen A und B , E zwischen B und C und F zwischen C und A . Eine Abbildung

$$T : s \to s$$

wird wie folgt definiert:
(a) T(E) = E, T(F) = F, T(D) = D
(b) Ist P keiner der Berührungspunkte und liege P etwa auf dem Bogen $\overset{\frown}{DE}$, so verbinde man P mit B . Diese Gerade schneidet den

Inkreis in einem weiteren Punkt $T(P)$. Man überlegt sodann, daß T auf dem Inkreis s differenzierbar ist und

$$|T'(P)| = \frac{BT(P)}{BP}$$

ist (XY bezeichne die Känge der Strecke von X nach Y). Man definiert eine Dichtefunktion

$$h : s \to \mathbb{R}$$

wie folgt

$$h(X) = \frac{FD}{XF.XD} \quad ,$$

wenn X auf dem Bogen $\overset{\frown}{DF}$ liegt und analog für die anderen Fälle. Tatsächlich ist h die Dichte eines invarianten Maßes. Dazu ist zu zeigen, daß die Beziehung

$$h(X) = \frac{h(P)}{|h'(P)|} + \frac{h(R)}{|h'(R)|} \qquad (*)$$

erfüllt ist, wobei P und R die beiden Urbilder von X sind, d.h. $T(P) = T(R) = X$ gilt. Sei nun M auf dem Kreis so gewählt, daß die Gerade $g(M,E)$ senkrecht auf die Gerade $g(B,E)$ steht, so folgt aus dem Peripheriewinkelsatz, daß die Winkel $\sphericalangle EXB$ und $\sphericalangle EMP$ gleich sind. Letztlich ist daher das Dreieck BEX ähnlich zum Dreieck BPE . Daher gilt

$$EP : EX = BE : BX$$

Analog ist

$$DP : DX = BP : BD$$

Da aber $BE = BD$ folgt

$$\frac{EP}{EX} \cdot \frac{DP}{DX} = \frac{BE}{BX} \cdot \frac{BP}{BD} = \frac{BP}{BX}$$

Also ist, wenn P auf dem Bogen $\overset{\frown}{ED}$ liegt:

$$\frac{h(P)}{|h'(P)|} = \frac{DE}{DP.EP} \cdot \frac{BP}{BX} = \frac{DE}{DX.EX}$$

Liegt nun X auf dem Bogen $\overset{\frown}{EF}$ etwa, so liege R auf dem Bogen $\overset{\frown}{FD}$ und P auf dem Bogen $\overset{\frown}{ED}$. Dann ist

$$\frac{h(R)}{|h'(R)|} = \frac{FD}{DX.FX}$$

Die fragliche Beziehung $(*)$ verwandelt sich in

$$\frac{EF}{EX.FX} = \frac{DE}{DX.EX} + \frac{FD}{DX.FX}$$

beziehungsweise

$$EF.DX = DE.FX + FD.EX$$

Dies ist aber genau der Satz von Ptolemäus, angewandt auf das Sehnenviereck EDFX .

Literaturhinweise

Aaronson, J. 1978: Ergodic theory for inner functions of the upper half plane. Ann. Inst. H. Poincaré Sect. B (N.S.) 14 p. 233-253

Devaney, R. L. 1981: Three area preserving mappings exhibiting stochastic behavior. In: Classical Mechanics and Dynamical Systems (R. L. Devaney; Z. H. Nitecki edrs.). Marcel Dekker, Inc. New York and Basel p. 39-53

Jakobson, M. V. 1980: Construction of invariant measures absolutely continuous with respect to dx for some maps of the interval. Global Theory of Dynamical Systems LNM 819 p. 246-257

Kac, M. 1969: Statistical Independence in Probability, Analysis, and Number Theory. The Carus Math. Monographs No. 12

Kemperman, J. H. B. 1975: The ergodic behavior of a class of real transformations. Stochastic Processes and Related Topics. Academic Press, New York p. 249-258

Misiurewicz, M. 1981: The result of Rafal Kolodziej. Théorie ergodique. Monographie No. 29 de l'Enseignement Mathématique p. 57-60

Pianigiani, G. 1979: Absolutely continuous invariant measures for the process $x_{n+1} = Ax_n(1-x_n)$. Boll. Union. Mat. Ital. A(5) 16 p. 374-378

Ruelle, D. 1977: Applications conservants une mesure absolument continue par rapport à dx sur [0,1]. Commun. Math. Phys. 55 p.47-51

Schweiger, F. 1973: The Metrical Theory of Jacobi-Perron algorithm. LNM No. 334 Springer-Verlag

Yuri, M. 1986: On a Bernoulli property for multi-dimensional mappings with finite range structure. Tokyo J. Math. 9 p. 457-485

CAD EINSATZ IN GEODÄSIE - KARTOGRAPHIE

Hans **Stegbuchner**

1. Allgemeine Bemerkungen über CAD

Die 3 Buchstaben CAD - welche als Abkürzung für "Computer Aided Design" stehen und soviel bedeuten wie Computerunterstützes Konstruieren, Zeichnen, Entwerfen - sind heute zu einer vielverwendeten Abkürzung in der angewandten Datenverarbeitung geworden. CAD ist aber keine neue Arbeitsweise - im Gegenteil - CAD gibt es schon seit mehr als 20 Jahren und dennoch hat erst in den letzten Jahren der CAD Einsatz große Verbreitung gefunden.

Die ersten Einsätze, (sozusagen die Geburtsstunde) von CAD gab es in den USA, wo in den 60-er Jahren begonnen wurde, im Bereich des Flugzeugbaues den Computer neben komplexen Berechnungen auch zur Unterstützung des Konstrukteurs zu verwenden. Diese ersten CAD Einsätze bedingten allerdings damals große und leistungsfähige Computer, deren Anschaffungspreis den Einsatz dieser neuen Technologie auf ganz wenige Großkonzerne beschränkte. Neben dem Flugzeugbau wurde CAD dann bald auch in den großen Automobilunternehmen eingeführt. Diese Einsatzbereiche - im weitesten Sinne also in der technischen Konstruktion - blieben lange Zeit auch die einzigen Anwendungsbereiche. Später kamen zur reinen Konstruktion auch CAD-Pakete für den Entwurf elektronischer Leiterplatten und Schaltungen dazu. Aber auch in den 70-er Jahren war der CAD Einsatz immer noch auf einige größere Unternehmungen beschränkt.

Als es dann zu Beginn der 80-er Jahre durch die enormen Fortschritte in der Hardware - es kamen die ersten leistungsfähigen und auch preisgünstigen Kleincomputer auf den Markt - zu einer fast explosionsartigen Verbreitung von Computern kam, war es eigentlich nur noch eine Frage der Zeit, bis auch der CAD Einsatz eine größere Verbreitung fand. Neben der Verbreitung auch in kleineren Unternehmungen weitete sich parallel dazu auch die möglichen Anwendungen im CAD aus. Und man kann heute ohne Übertreibung sagen, daß überall dort, wo etwas zu zeichnen ist, ein Einsatz von CAD möglich ist (das soll allerdings nicht heißen, daß dort ein CAD Einsatz auch immer sinnvoll ist).

Die nachstehende Liste von CAD Anwendung darf nur exemplarisch gesehen werden und erhebt bei weitem keinen Anspruch auf Vollständigkeit:

Breite Einsatzmöglichkeit im Bereich der technischen Konstruktion (Werkzeug- und Maschinenbau, Stahlbetonbau ...)
Elektronik und Elektrotechnik
Architektur und Bauwesen
Geodäsie und Kartographie (Grundstückskataster, Leitungskataster, thematische Kartographie bis hin zur digitalen Grundkarte)
Werbetechnik usf. (siehe Abb.1)

Wenn oben gesagt wurde, daß der CAD Einsatz in sehr vielen Anwendungen prinzipiell möglich aber nicht sinnvoll ist, so muß das etwas erläutert werden:

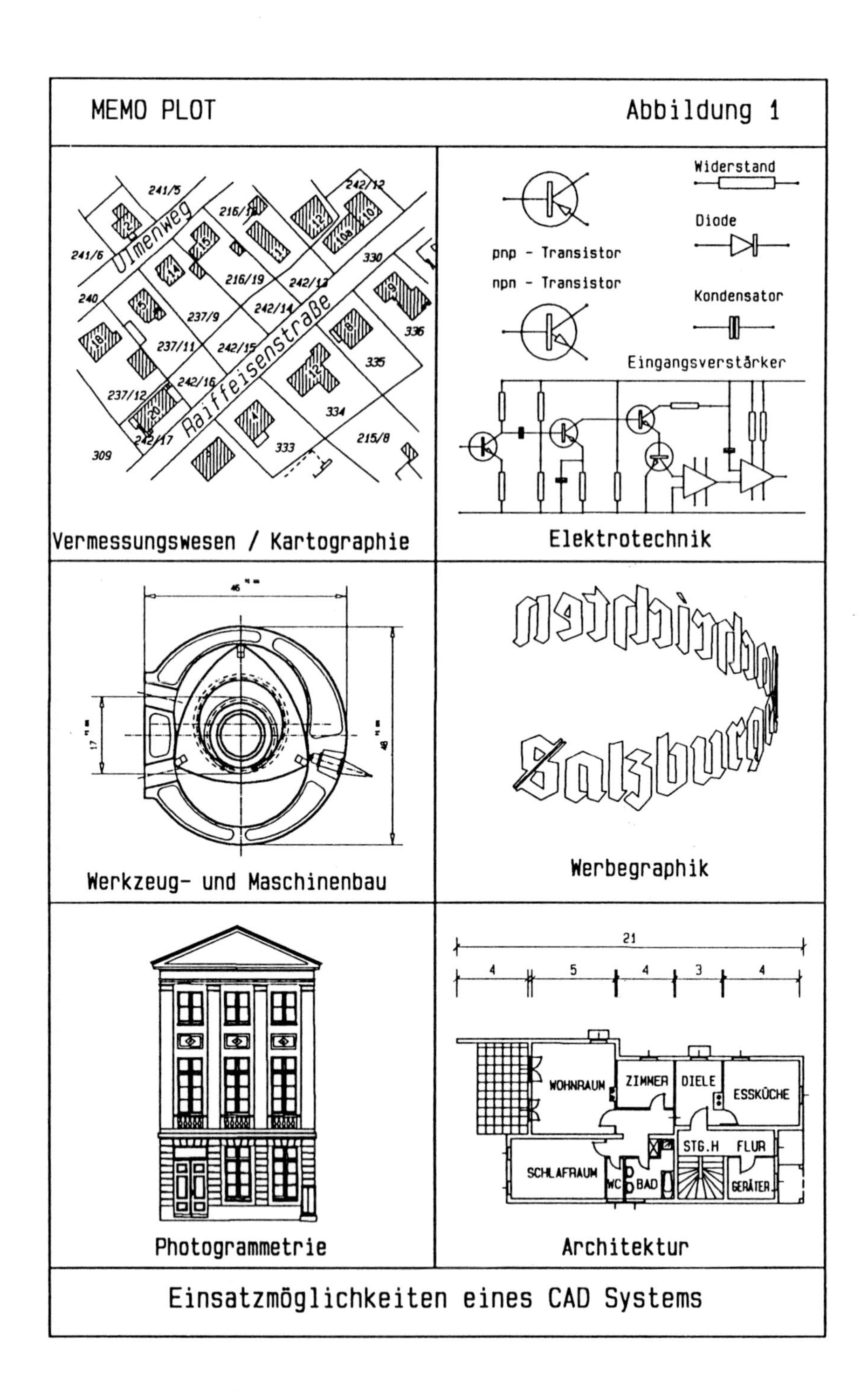
MEMO PLOT
Abbildung 1
Vermessungswesen / Kartographie
Ulmenweg
Raiffeisenstraße
Elektrotechnik
Widerstand
Diode
pnp - Transistor
npn - Transistor
Kondensator
Eingangsverstärker
Werkzeug- und Maschinenbau
Werbegraphik
Salzburg
Photogrammetrie
Architektur
WOHNRAUM
ZIMMER
DIELE
ESSKÜCHE
STG.H
FLUR
SCHLAFRAUM
WC
BAD
GERÄTER
Einsatzmöglichkeiten eines CAD Systems

Wenn beispielsweise eine technische Zeichnung neu angefertigt wird, so wird diese Zeichnung mit Hilfe von CAD zwar mit anderen Hilfsmitteln erstellt (Bleistift, Zirkel, Lineal und Zeichenbrett werden durch andere Arbeitsmittel wie Bildschirm, Tastatur und Tablett ersetzt), aber die einzelnen Konstruktionsschritte müssen ebenfalls nachvollzogen werden. Und bei dieser Arbeitsweise ist auch ein geübter CAD Anwender sicher nicht schneller als der herkömmliche technische Zeichner. Wenn man allerdings eine Konstruktionszeichnung betrachtet, so gibt es dort immer wiederkehrende Elemente, die geeignet kombiniert, die Zeichnung ergeben. Solche Standardbauteile können beispielsweise Schrauben, Muttern, Bolzen usf., aber auch für diverse Betriebe spezifische Bauelemente (z.B. Heizkörper, Kessel etc.) sein. Und die Verwendung von Standards ist einer der großen Vorteile, den CAD bieten kann. Bei Verwendung von Standardbauteilen ist es auch relativ einfach möglich, diverse Varianten einer Konstruktionszeichnung aus einer bestehenden Zeichnung abzuleiten. Schließlich bringen dann automatisierbare Routinetätigkeiten für die Ausgestaltung einer Zeichnung (Schraffuren, Bemaßungen, Betextungen) weitere Vorteile gegenüber der herkömmlichen Zeichenweise.

Heute wird der CAD Einsatz allerdings nicht mehr nur lokal als reiner Zeicheneinsatz gesehen, sondern es ist in vielen Betrieben der automatische Datenfluß von der Planung über die Konstruktion bis hin zur Fertigung realisiert. In diesem Zusammenhang wären die Abkürzungen CAM (Computer Aided Manufacturing) und CIM (Computer Integrated Manufacturing) zu nennen.

2. Möglichkeiten des CAD Einsatzes in der Geodäsie und Kartographie

Der Inhalt dieses Artikels soll eine Beschreibung der Möglichkeiten des CAD Einsatzes im Bereich der Geodäsie und Kartographie darstellen, wobei natürlich nur exemplarisch auf einzelne Einsatzmöglichkeiten eingegangen werden kann. Die Einsatzmöglichkeiten beginnen hier bei kleinen abgeschlossenen Anwendungen innerhalb von einzelnen Ingenieurbüros (z.B. Lagepläne für kleinere Vermessungsaufgaben) und reichen beispielsweise über die Bearbeitung des Grundstückskatasters einer einzelnen Gemeinde bis hin zu regionalen und überregionalen geographischen Informationssystemen (z.B. Leitungsnetz der Post oder von diversen Energieversorgungsunternehmen). Es ist natürlich selbstverständlich, daß für die Bearbeitung so unterschiedlicher Gebiete (sowohl thematischer Art als auch was ihre Größe in geographischer Hinsicht betrifft) nicht ein einziges CAD Paket eingesetzt werden kann, sondern daß dafür CAD Pakete unterschiedlicher Ausprägungen (auch was ihre Leistung betrifft) notwendig sind.

Wenn in der Einleitung etwas mehr auf den klassischen Einsatz von CAD eingegangen wurde, also auf den Bereich der technischen Konstruktion und dort versucht wurde, die Vorteile dieser neuen Technologie klarzumachen, so muß man eigentlich sagen, daß keiner der dort genannten Vorteile (Verwendung von Standardbauteilen, leichtes Anfertigen von Varianten einer Zeichnung) sich auf den Einsatz von CAD in Geodäsie/Kartographie unmittelbar übertragen läßt. Auch wird man sich nicht vorstellen können, daß in diesem Einsatzbereich effektiv konstruiert werden muß . Obwohl sich dennoch auch in kartographischen Anwendungen "Standardbauteile" finden lassen und manchmal auch Konstruktionen durchzuführen sind, die jenen in technischen Anwendungen vergleichbar sind, stehen hier ganz andere Betrachtungsweisen im Vordergrund, nämlich die Aktualisierung und graphische Darstellung von Plänen und Karten aller Art verbunden mit der raschen Gewinnung von nicht graphischen sonstigen Informationen diverser Ausprägung.

Um im folgenden einen konkreten Anwendungsfall im Blickpunkt zu haben, wollen wir uns etwa den Grundstückskataster einer einzelnen Gemeinde vorstellen. In diesem sind die Grundstücksgrenzen, Gebäude und Verkehrswege (zusammen mit sonstigen Zusatzinformationen wie z.B. Vermessungspunkte, Darstellung von Nutzungsarten etc.) dargestellt (meist im Maßstab 1 : 1000 und 1 : 2880). In der Abb. 2 ist ein Ausschnitt eines Katasterblattes dargestellt.

Die Katasterblätter liegen im Katasteramt und können nur dort bezogen werden. Alle Änderungen (neue Gebäude, Grundstücksteilungen oder Zusammenlegungen, Verlegung von Straßen etc.) müssen dem Katasteramt bekanntgegeben werden, wo auch die Fortführung der Katasterblätter erfolgt. Da diese Arbeit heute noch durchgehend durch manuelle Eintragung in die bestehenden Blätter bzw. durch Neuzeichnen von Katasterblättern erfolgt, ist es nicht verwunderlich, daß meist Jahre (5 Jahre sind keine Seltenheit) vergehen, bis ein Katasterblatt auf einen neuen Stand gebracht wird. Das bedeutet also, daß eigentlich nie mit dem aktuellen Stand eines Katasterblattes gerechnet werden kann.

Hier kann aber der Einsatz von CAD ganz gewaltige Vorteile bringen, vorausgesetzt, daß einmal die Katasterblätter in einer Form vorliegen, die die Bearbeitung mit einem CAD System erlauben. Voraussetzung ist also, die einzelnen Katasterblätter, die ja derzeit meist nur gezeichnet aber nicht in digitaler Form vorliegen, durch ein CAD System zu erfassen. Dieser Vorgang wird als Digitalisieren bezeichnet und im Prinzip werden dabei die einzelnen Katasterblätter durch Nachfahren der einzelnen Linien auf dem Digitalisiertablett in den "Computer gebracht". Bei diesem Digitalisieren ist es unbedingt erforderlich, neben der graphischen Information (den einzelnen Linien) gleichzeitig auch nicht graphische Information zu übernehmen (es ist für die spätere Auswertung unbedingt erforderlich, von einer Linie zu wissen, ob sie Grundstücksgrenze, Hauskante oder etwa Waldgrenze ist). Aus diesem Grunde eignen sich somit diverse Scanner (automatisches Umsetzen einer graphischen Vorlage in digitale Form) nicht unbedingt zum Erfassen von Katasterblättern.

Liegt einmal ein Katasterblatt in einer für ein CAD System bearbeitbaren Form vor, sind Neueintragungen und Korrekturen in diesem Blatt auf äußerst einfache Art und Weise vorzunehmen. Mit relativ geringem Aufwand ist somit stets der aktuelle Stand vorhanden, der auch durch Ausgabe über einen Plotter stets als graphische Darstellung auf Papier oder einem ähnlichen Medium verfügbar ist. Die Eintragung von Änderungen können dabei auch bereits vom zuständigen Ingenieurbüro, das die Vermessung durchgeführt hat, vorgenommen werden, wobei der automatische Datenfluß von der Feldaufnahme in das CAD System, längst Realität ist.

Neben dem reinen Grundstückskataster sind auf Gemeindeebene die diversen Leitungs- und Kanalnetze, welche im Gemeindegebiet verlaufen, ebenfalls von ganz großer Bedeutung. Die Anwendung eines CAD Systems zur Bearbeitung des Leitungskatasters kann heute ebenfalls ganz enorme Vorteile bringen. Einmal hat man jederzeit auch

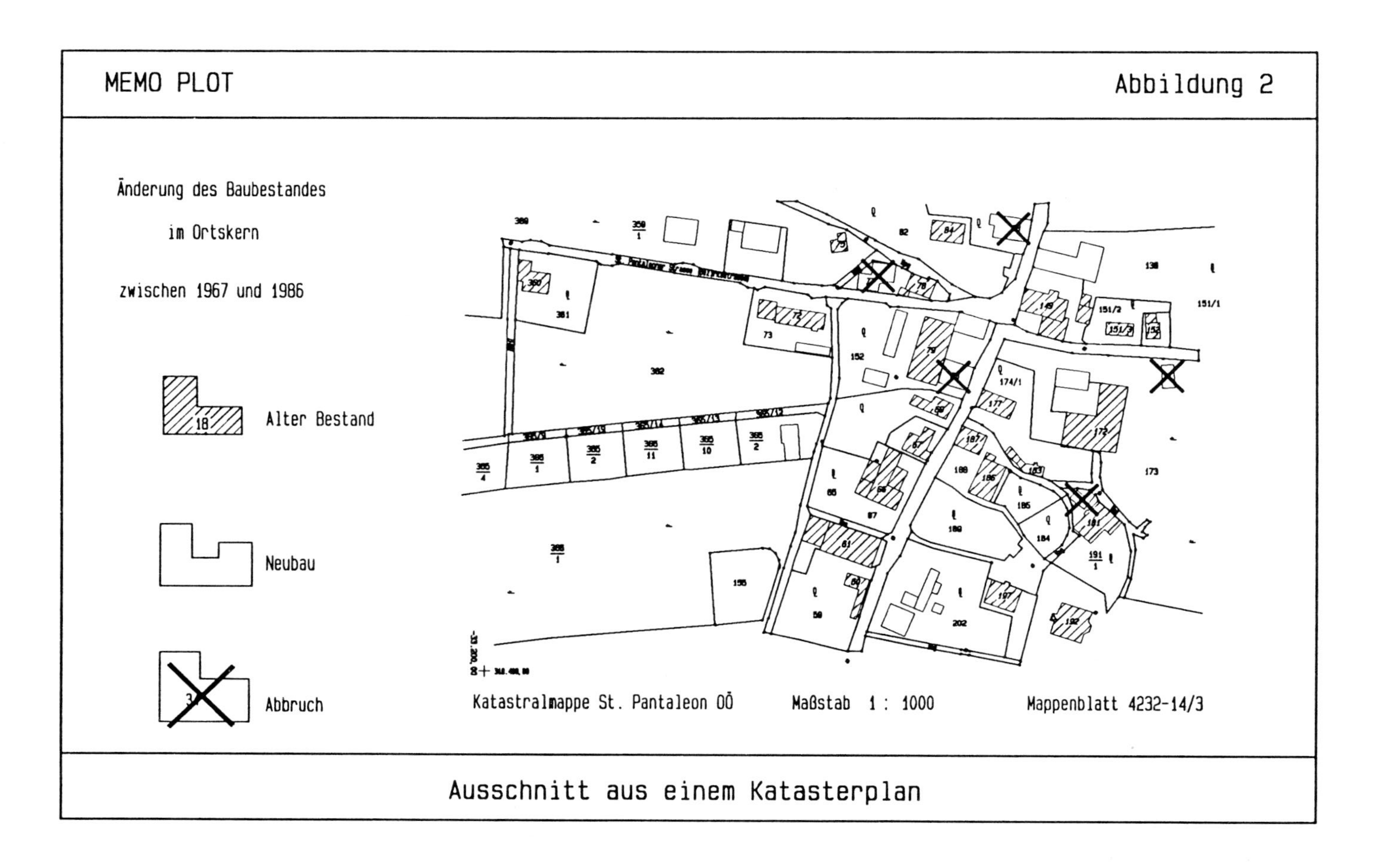

Ausschnitt aus einem Katasterplan

einen graphischen Überblick, wo die einzelnen Leitungen liegen (bei Grabungsarbeiten kann auf bestehende Leitungen Rücksicht genommen werden; Grabungen für Reparaturarbeiten können gezielt vorgenommen werden). Zum anderen lassen sich bei geeigneter Konzeption des Systems etwa sofort Informationen gewinnen, welche Leitungen ein bestimmtes Grundstück berühren usf.

Wenn man die oben angeführten Möglichkeiten eines CAD Einsatzes mit der Realität vergleicht, so stehen wir natürlich erst am Beginn einer Entwicklung, die sich jedoch nicht aufhalten lassen wird. CAD Systeme bei diversen Vermessungsbüros sind zwar noch nicht der Regelfall aber auch keine Seltenheit mehr. Der Einsatz in Gemeinden ist hingegen eher noch die Ausnahme. Da die Bedienung eines anwenderfreundlichen CAD Systems zwar nicht unbedingt einen Experten erfordert, ist dennoch ein Verantwortlicher für die Betreuung und Bedienung des Systems erforderlich. Für kleinere Gemeinden ist deshalb die Anschaffung eines eigenen Systems nicht realistisch. Die Übernahme solcher Arbeiten als Dienstleistung durch private Ingenieursbüros auf regionaler Basis darf aber als ein erfolgsversprechendes Konzept für die Zukunft angesehen werden.

3. Anforderungen an ein CAD System für den Einsatz in Kartographie und Geodäsie

Grundlage eines jeden CAD Systems ist eine für die Anwendung geeignete Datenstruktur, in der nicht nur die graphischen Elemente abbildbar sind, sondern die es auch erlaubt, diverse nicht graphische Informationen zu verspeichern. Für Anwendungen, die über einen eng abgegrenzten lokalen Einsatz hinausgehen, ist dazu die Anbindung an eine Datenbank unbedingt erforderlich. Da die Beschreibung von Datenstrukturen eine Aufgabe der Informatik und nicht der Mathematik ist, soll hier nicht weiter darauf eingegangen werden. Wir wollen hier einige Punkte ansprechen, die mehr mathematischer Natur sind.

Für die Umsetzung der binären Datenstuktur in eine graphische Darstellung (graphischer Bildschirm oder Plotter) ist zwar ein großes Maß mathematischer Routinen erforderlich; meist handelt es sich dabei aber um mathematische Methoden der linearen Algebra und analytischen Geometrie, die ein Mathematikstudent in den ersten Semestern seines Studiums kennenlernt. Auch die Durchführung von Konstruktionsaufgaben (z.B. Bestimmung des Schnittpunktes von 2 Geraden usf.) mit einem Computer bedient sich größtenteils dieser Hilfsmittel. Nicht mehr alleine mit Standardmethoden können gewisse Probleme gelöst werden, die etwa beim Digitalisieren von graphischen Vorlagen (z.B. Pläne, Katasterblätter etc.) auftreten. Wenn weiter oben gesagt wurde, daß das Digitalisieren im Prinzip auf ein Nachfahren der einzelnen Linien auf der Vorlage beruht, so stehen dabei doch einige ganz wichtige Forderungen im Raum, die dabei beachtet werden müssen. Werden beispielsweise die Grundstücksgrenzen eines Katasterblattes digitalisiert, so ist es sicher nicht damit getan, die vom Digitalisiertablett übernommenen Daten einfach in die Datenstruktur des CAD Systems zu übernehmen, denn die Koordinaten der digitalisierten Linien hatten überhaupt keine Gemeinsamkeit mit einem geographischen Koordinatensystem (z.B. Gauß - Krüger System). Es ist daher unbedingt erforderlich, eine geeignete Koordinatentransformation festzulegen, die die vom Tablett gesendeten Koordinaten (meist in $\frac{1}{100}$ mm Einheiten) in ein bestimmtes geographisches Koordinatensystem transformieren. Die dabei verwendeten Transformationen werden als lineare Funktionen bezeichnet (grob gesprochen ist dabei das Bild einer Geraden wieder eine Gerade); konkret verwendet werden im allgemeinen Ähnlichkeitstransformationen oder affine Transformationen (gelegentlich auch Projektivitäten). Mathematisch werden lineare Transformationen durch geeignete Matrizen beschrieben, die sich am einfachsten dadurch aufstellen lassen, daß man zu bestimmten Punkten auf der zu digitalisierenden Vorlage ihre Bilder im gesuchten Koordinatensystem angibt. In der Realität tippt man dabei auf der Vorlage einen Punkt an, dessen Koordinaten exakt bekannt sind, und definiert gerade diese Koordinaten als Bildpunkt (meist werden dazu exakt vermessene Triangulationspunkte verwendet). Eine Ähnlichkeitstransformation ist durch Vorgabe von zwei Punkten auf der Vorlage und ihrer entsprechenden Bildpunkte bereits eindeutig festgelegt, eine Affinität durch 3 Punktepaare und eine Projektivität schließlich durch 4 Punktepaare. Die Aufstellung der entsprechenden Transformationsmatrizen erfolgt dabei ebenfalls mit mathematischen Standardmethoden der linearen Algebra.

Die Sache wäre unproblematisch, wenn die graphischen Vorlagen total fehlerfrei wären und man beim Digitalisieren ebenfalls ohne Fehler arbeiten könnte. Dem ist aber leider nicht so. Betrachten wir konkret ein Katasterblatt - dieses wurde ja einmal von einem Zeichner auf grund gewisser Koordinaten von vermessenen Punkten per Hand gezeichnet, Teile werden höchstwahrscheinlich durch abpausen früherer Darstellungen gewonnen worden sein - , so ist es der Regelfall, daß diese Blätter mit unter Umständen ganz großen Fehlern behaftet sind. Eine Abweichung auf einem Blatt mit Maßstab 1 : 2880 von 3 mm bewirkt bereits einen Fehler im Naturkoordinatensystem von über 8 m. Würde nun die Transformationsmatrix (etwa im Falle einer Ähnlichkeitstransformation) durch nur zwei Punkte festgelegt werden, so würden zwar diese beiden Punkte im Naturkoordinatensystem die exakte Lage haben, weitere digitalisierte Punkte (von denen etwa ebenfalls die genauen Koordinaten bekannt sind), können aber mit extrem hohen Fehlern behaftet sein. Das "Mittel" über diese Transformationsmatrizen läßt aber - unter der Voraussetzung, daß die Fehler der Punkte auf der digitalisierten Vorlage voneinander unabhängig (also ohne Systematik) verteilt sind - erwarten, daß es eine bessere Lösung des Problems bringt als jede einzelne für sich. Mit Methoden der Ausgleichsrechnung ist es nun möglich, solche "mittlere" Transformationsmatrizen zu berechnen. Dies erfolgt unter der Nebenbedingung, daß der mittlere quadratische Fehler der Paßpunkte minimal wird.

Im allgemeinen wird so eine "mittlere" Transformationsmatrix aber keinen einzigen Paßpunkt (das ist ein Punkt der zum Aufstellen der Transformationsmatrix digitalisiert wurde) mehr auf den zugehörigen Bildpunkt abbilden. Dies kann nun ebenfalls noch erreicht werden, indem nach erfolgter Transformation eines Punktes die Restklaffungen (Fehler der Abweichungen der Paßpunkte) nicht gleichmäßig über die gesamte Zeichnung verteilt werden, sondern noch mit den Abständen des digitalisierten Punktes von den Paßpunkten gewichtet werden.

Ein weiteres Problem im Zusammenhang mit digitalisierten Vorlagen ist in der unvermeidlichen Ungenauigkeit beim Digitalisieren gegeben. Dabei gehen gewisse geometrische Bedingungen unweigerlich verloren. Werden beispielsweise die Konturen von Gebäuden digitalisiert, von denen man weiß , daß sie nur rechte Winkel einschließen,

MEMO PLOT

Abbildung 3

Situation vor Ausgleichsrechnung

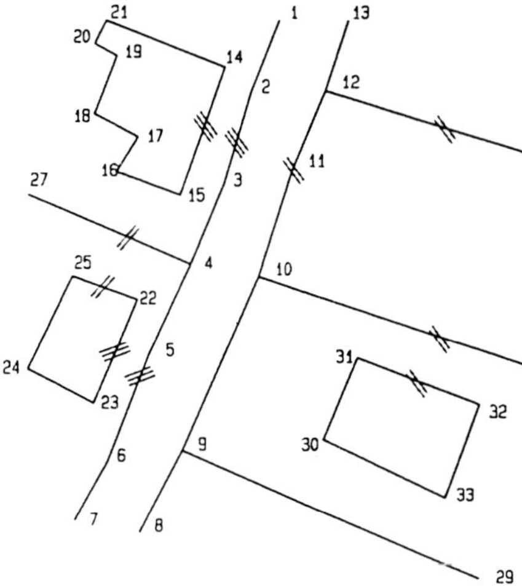

Ausgleichsbedingungen:

Orthogonalausgleich für 3 Gebäude

// Parallelitätsbedingung

/// Parallelitätsbedingung mit Distanzangabe

Geradenausgleich für die Punkte 1 bis 7 und 8 bis 13

Winkelvorgabe (100 Gon) der in den Punkten 4, 8, 10 und 12 zusammenstoßenden Strecken

Geometrie nach erfolgtem Ausgleich

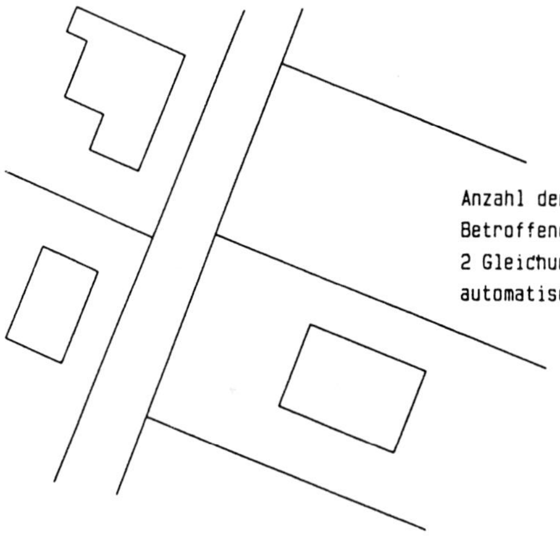

Anzahl der Bedingungsgleichungen: 33

Betroffene Punkte: 33

2 Gleichungen wegen Überbestimmung automatisch eliminiert

Ausgleichsrechnung in der Geodäsie

werden im allgemeinen die digitalisierten Linien nicht mehr exakt rechte Winkel bilden. Andere geometrische Bedingungen können Parallelitätsbedingungen, Abstandsbedingungen oder Geradheitsbedingungen sein.

Das Wiederherstellen solcher Zwangsbedingungen kann ebenfalls mit Hilfe der Methoden der Ausgleichsrechnung gewonnen werden. Da häufig verschiedene Zwangsbedingungen voneinander nicht unabhängig sind (Orthogonalausgleich der Seiten eines Gebäudes; eine Gebäudeseite ist gleichzeitig parallel zum Straßenrand und besitzt eine feste Distanz), kann der Ausgleich nicht unabhängig voneinander erfolgen, sondern muß all diese Bedingungen berücksichtigen. Das Aufstellen der entsprechenden Gleichungssysteme (vor allem das Eliminieren überflüssiger Bedingungen bzw. das Erkennen widersprüchlicher Bedingungen) erfordert einigen Aufwand; zur Lösung der Gleichungssysteme müssen enorm hohe Rechenleistungen erbracht werden (siehe dazu den Artikel von Walter Bauer).

4. Maßstabsfreie Darstellungen von Karten und Plänen

Unter dem Schlagwort "maßstabsfreies" Arbeiten wird die Möglichkeit verstanden, ohne "erheblichen Aufwand" eine in einem CAD System abgelegte Karte oder Plan in verschiedenen Maßstäben darzustellen. Pläne im Maßstab 1 : 1000 und 1 : 10000 unterscheiden sich einmal dadurch, daß ersterer die zehnfache Größe (linear gesehen) aufweist als der zweite. Diese unterschiedliche Größe ist natürlich ganz einfach durch eine geeignete Ähnlichkeitstransformation vor der graphischen Ausgabe zu realisieren. Dieser Transformation dürfen jedoch nicht alle Inhalte eines Planes oder einer Karte unterworfen werden, sondern nur jene, die effektiv zum gewählten Koordinatensystem (z.B. Gauß - Krüger) Bezug haben (das sind vor allem Vermessungspunkte und linienhafte Verbindungen, die koordinativ festgelegt sind). Daneben beinhaltet jedoch jede Karte bzw. jeder Plan in unterschiedlichem Umfang zusätzliche graphische Informationen, die nicht mehr mit dem Koordinatensystem in Bezug stehen. In erster Linie gehören dazu die diversen textlichen Eintragungen, Schraffuren und symbolhaften Darstellungen, deren "Größe" meist absolut in mm angegeben wird (z.B. Beschriftungshöhe, Abstand der Schraffurlinien, Durchmesser einer Signatur usf.). Diese Größen dürfen nun auf keinen Fall maßstabsgebunden sein (eine Beschriftung im Plan mit Maßstab 1 : 1000 von 2,5 mm Höhe würde im Maßstab 1 : 10000 nur noch $\frac{1}{4}$ mm hoch, also total unlesbar sein). Würde auf der anderen Seite der Maßstab bei der Darstellung dieser graphischen Ausprägungen total unberücksichtigt gelassen werden, so würden beispielsweise Beschriftungen in Plänen mit kleineren Maßstäben unproportional groß und daher unpassend erscheinen. (vergleiche mit Abb. 4)

Die Größen dieser Darstellungen müssen also in "gewisser Weise" vom Maßstab abhängen, die Abhängigkeit darf aber nicht linear sein, sondern wird sich nach einem anderen Gesetz (meist nicht math. Natur) richten müssen. Ein anwenderfreundliches CAD System muß daher die Möglichkeit bieten, für unterschiedliche maßstäbliche Darstellungen die Größe dieser graphischen Informationen geeignet zu wählen. Für die passende Beschriftungshöhe der diversen textlichen Eintragungen ist dies sicher kein allzu großes Problem (auch nicht für den geeigneten Abstand von Schraffurlinien).

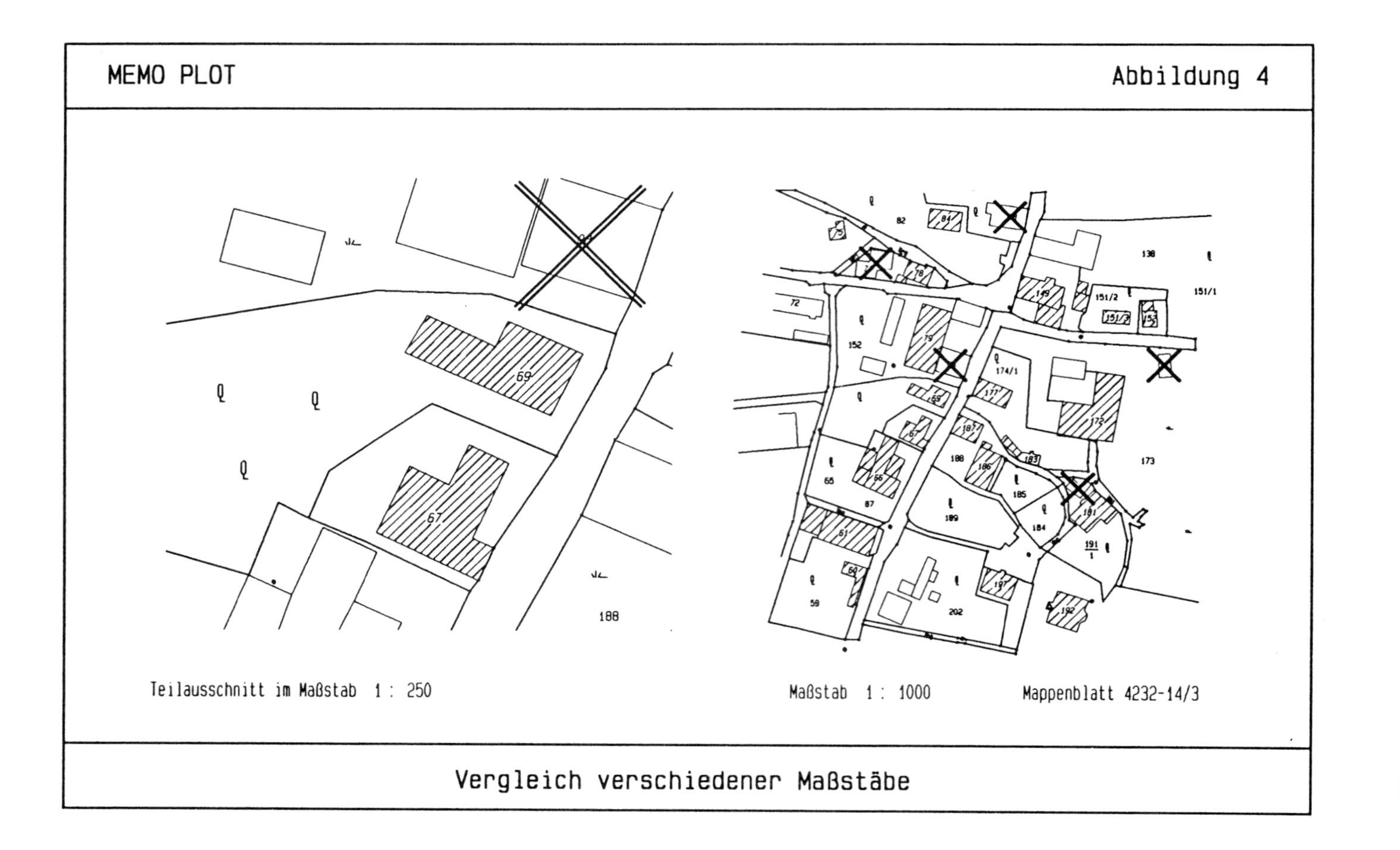
MEMO PLOT
Abbildung 4
Teilausschnitt im Maßstab 1 : 250
Maßstab 1 : 1000
Mappenblatt 4232-14/3
Vergleich verschiedener Maßstäbe

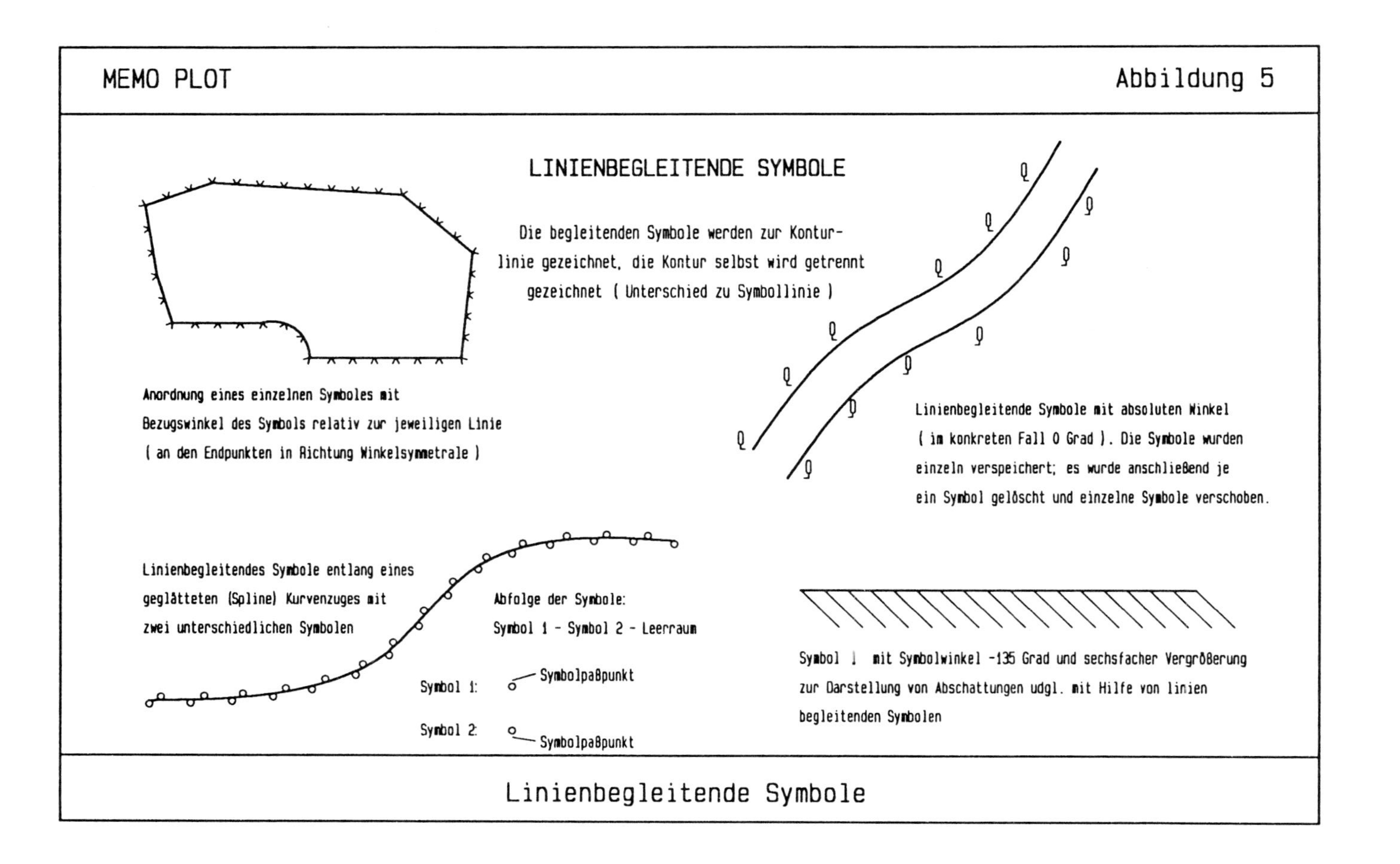
MEMO PLOT
Abbildung 5
LINIENBEGLEITENDE SYMBOLE
Die begleitenden Symbole werden zur Konturlinie gezeichnet, die Kontur selbst wird getrennt gezeichnet (Unterschied zu Symbollinie)
Anordnung eines einzelnen Symboles mit Bezugswinkel des Symbols relativ zur jeweiligen Linie (an den Endpunkten in Richtung Winkelsymmetrale)
Linienbegleitende Symbole mit absoluten Winkel (im konkreten Fall 0 Grad). Die Symbole wurden einzeln verspeichert; es wurde anschließend je ein Symbol gelöscht und einzelne Symbole verschoben.
Linienbegleitendes Symbole entlang eines geglätteten (Spline) Kurvenzuges mit zwei unterschiedlichen Symbolen
Abfolge der Symbole:
Symbol 1 - Symbol 2 - Leerraum
Symbol 1:
Symbolpaßpunkt
Symbol 2:
Symbolpaßpunkt
Symbol mit Symbolwinkel -135 Grad und sechsfacher Vergrößerung zur Darstellung von Abschattungen udgl. mit Hilfe von linien begleitenden Symbolen
Linienbegleitende Symbole

Nicht mehr ganz einfach ist dieses Problem aber in Zusammenhang mit den diversen symbolhaften Darstellungen zu lösen. Hier kommt es nämlich sehr oft nicht mehr alleine auf eine unterschiedliche Größe an, sondern ein und dasselbe Symbol wird in unterschiedlichen Maßstäben auch eine ganz unterschiedliche Ausprägung haben (in großmaßstäblichen Plänen detaillierte Ausgestaltung, in kleinmaßstäblichen Plänen nur noch andeutungsweise Darstellung der graphischen Information). Es muß daher die Möglichkeit geben, einen Plan bzw. eine Karte mit unterschiedlichen Symboltabellen (maßstabsabhängig) auszustatten, ohne daß in der Datenstruktur selbst die einzelnen Symbole durch andere ersetzt werden müssen.

Die bislang gemachten Ausführungen über maßstabsfreies Arbeiten können mit den schon mehrfach zitierten mathematischen Standardmethoden beherrscht werden. Zum Abschluß dieses Artikels soll aber noch auf ein Problem eingegangen werden, dessen Lösung einige nicht triviale mathematische Methoden verlangt. Es geht dabei um die Darstellung von sogenannten "Symbollinien" - ebenfalls wieder zu sehen im Zusammenhang mit maßstabsunabhängigen Arbeiten. Unter einer Symbollinie wollen wir hier die Darstellung eines Linienzuges mit einem beliebigen, selbst zu definierenden Symbol verstehen. Der Linie wird also eine graphische Ausprägung - gewissermaßen eine 2. Dimension (Breite) - mitgegeben. Abhängig vom Maßstab soll diese graphische Ausprägung mehr oder weniger detailliert sein, (diese Definition von Symbollinien darf nicht mit linienbegleitenden Symbolen verwechselt werden, wo ein Symbol entlang eines Linienzuges angeordnet wird - siehe dazu die Abbildung 5).

Um ein konkretes Beispiel vor Augen zu haben, wollen wir die Darstellung eines Mauerzuges (z.B. Gartenmauer) in einem Lageplan betrachten. Jedes einzelne Symbol ist durch einen "Symbolbezugspunkt" und durch sein umschriebenes Bezugsrechteck charakterisiert. Die graphische Darstellung der Symbollinie kommt nur zustande, indem das Symbol (besser gesagt das Bezugsrechteck des Symbols) entlang der Linie angeordnet wird, wobei der Bezugspunkt des Symbols genau auf der Linie zum liegen kommt (siehe Abb. 6).

4.1: Affine Transformation des Symbols entlang einer Strecke:

Zuerst wollen wir uns die graphische Darstellung einer einzelnen Strecke als Symbollinie überlegen. Die Länge der Strecke sei l Meter, und die Abmessungen des Bezugsrechteckes des Symbols $a \times b$ mm. Bei einem Darstellungsmaßstab von 1 : M beträgt also die Strecke von l Meter Länge auf dem Plan

$$l' = \frac{l.1000}{M} \quad \text{Millimeter}$$

Es können also

$$n = [\frac{l'}{a}]$$

($[x]$ bezeichnet dabei den ganzzahligen Anteil von x) Exemplare des Symbols entlang der Strecke angeordnet werden, wobei aber im allgemeinen ein Rest bleiben wird. Theoretisch könnte der verbleibende Rest der Strecke durch einen entsprechenden Teil des Symbols dargestellt werden, in der Praxis ist es jedoch erwünscht, daß immer eine ganzzahlige Anzahl von Symbolen entlang der Strecke angeordnet wird. Um dies zu

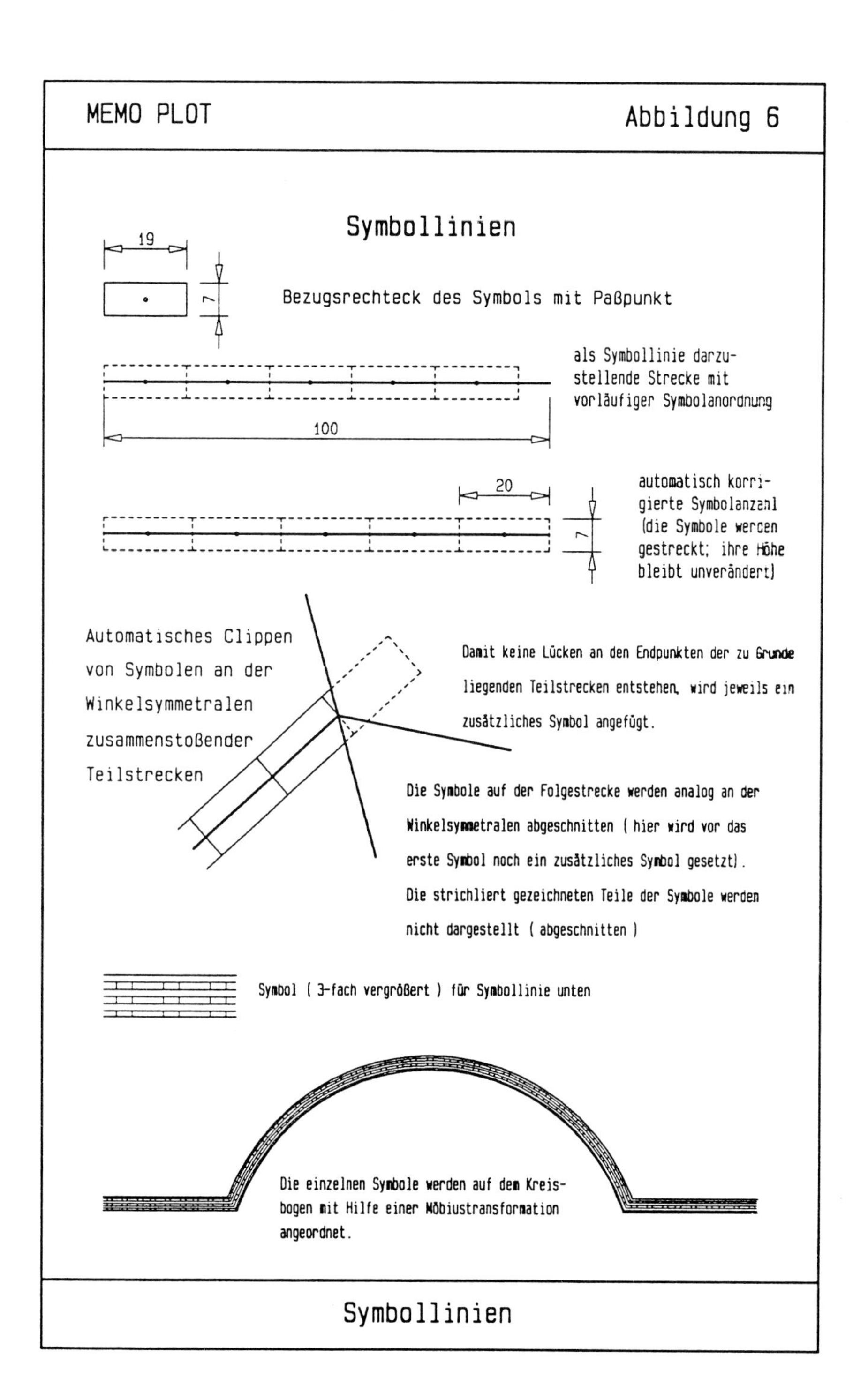
MEMO PLOT
Abbildung 6
Symbollinien
19
7
Bezugsrechteck des Symbols mit Paßpunkt
als Symbollinie darzu-
stellende Strecke mit
vorläufiger Symbolanordnung
100
20
automatisch korri-
gierte Symbolanzahl
(die Symbole werden
gestreckt; ihre Höhe
bleibt unverändert)
7
Automatisches Clippen
von Symbolen an der
Winkelsymmetralen
zusammenstoßender
Teilstrecken
Damit keine Lücken an den Endpunkten der zu Grunde
liegenden Teilstrecken entstehen, wird jeweils ein
zusätzliches Symbol angefügt.
Die Symbole auf der Folgestrecke werden analog an der
Winkelsymmetralen abgeschnitten (hier wird vor das
erste Symbol noch ein zusätzliches Symbol gesetzt).
Die strichliert gezeichneten Teile der Symbole werden
nicht dargestellt (abgeschnitten)
Symbol (3-fach vergrößert) für Symbollinie unten
Die einzelnen Symbole werden auf dem Kreis-
bogen mit Hilfe einer Möbiustransformation
angeordnet.
Symbollinien

erreichen, muß also die Größe eines einzelnen Symbols etwas geändert werden, wobei sich der Faktor f aus der Formel

$$f = \frac{n'.r}{l'}$$

wobei

$$n' = \begin{cases} n & \text{wenn } \frac{l'}{a} - n < 0.5 \\ n+1 & \text{wenn } \frac{l'}{a} - n \geq 0.5 \end{cases}$$

die zu $\frac{l'}{a}$ ganze Zahl bedeutet.

Dabei wird angenommen, daß eine Strecke der Lage $l' < 0.5.a$ bei der Darstellung als Symbollinie unberücksichtigt bleibt. Der Faktor f kann dabei zwischen den Werten

$$1 - \frac{0.5.a}{l'} < f \leq 1 + \frac{0.5.a}{l'}$$

liegen, wobei die extremalen Grenzen 0.5 und 1.5 betragen. Der Wert von f kommt diesen extremalen Grenzen aber nur dann nahe, wenn l' ungefähr die Größenordnung von a hat. Ist l' wesentlich größer als a, strebt f sehr rasch gegen 1.

Nun darf allerdings das Symbol nicht "gleichmäßig" um den Faktor f verändert werden, denn die "Breite" der Symbollinie sollte ja unabhängig von der Länge der darzustellenden Strecke den konstanten Wert b haben. Diese kann nun durch eine spezielle orthogonale Transformation mit verschiedenen Streckungsfaktoren in x oder y erreicht werden (der Streckungsfaktor in der x-Richtung hat den Wert f und jener in der y-Richtung den Wert 1). Diese Transformation ist eine spezielle Affinität

4.2: Darstellung eines Streckenzuges als Symbollinie:

Soll nicht eine einzelne Strecke sondern ein ganzer Streckenzug als Symbollinie dargestellt werden, so ist die unter 4.1. beschriebene Prozedur auf jede einzelne Teilstrecke anzuwenden. Ohne weitere Maßnahmen würden allerdings in den Knickpunkten der einzelnen Strecken Lücken bzw. Überlappungen auftreten. Dieses Problem kann nur dadurch umgangen werden, daß auf jeder Teilstrecke zwei zusätzliche Symbole angeordnet werden (eines am Anfang und eines am Ende der Strecke) und vor der graphischen Ausgabe der Symbole jede Linie an einem geeigneten Fenster ausgeblendet wird. Da das Clippen mit einem enormen Rechenaufwand verbunden ist, brauchen nur die ersten beiden und die letzten beiden Symbole diesem Prozess unterworfen werden. Die Aussparungsbereiche werden dabei vernünftiger Weise als Rechtecke definiert, dessen eine Seite mit der gemeinsamen Winkelsymmetralen zweier aufeinanderfolgender Strecken definiert wird (siehe Abb. 6)

4.3: Anordnung von Symbolen auf Kreisbögen:

Soll eine Symbollinie einen kreisförmigen Anteil aufweisen, so ist es natürlich nicht damit getan, die einzelnen Symbole auf dem Kreisbogen anzuordnen. Vielmehr erwartet man sich, daß jedes einzelne Symbol selbst "gebogen" wird. Dabei handelt es sich um ein typisches Problem, das vollkommen anschaulich formuliert werden kann, dessen mathematische Realisierung aber alles andere als einfach ist. Soll dieses Problem allgemeingültig

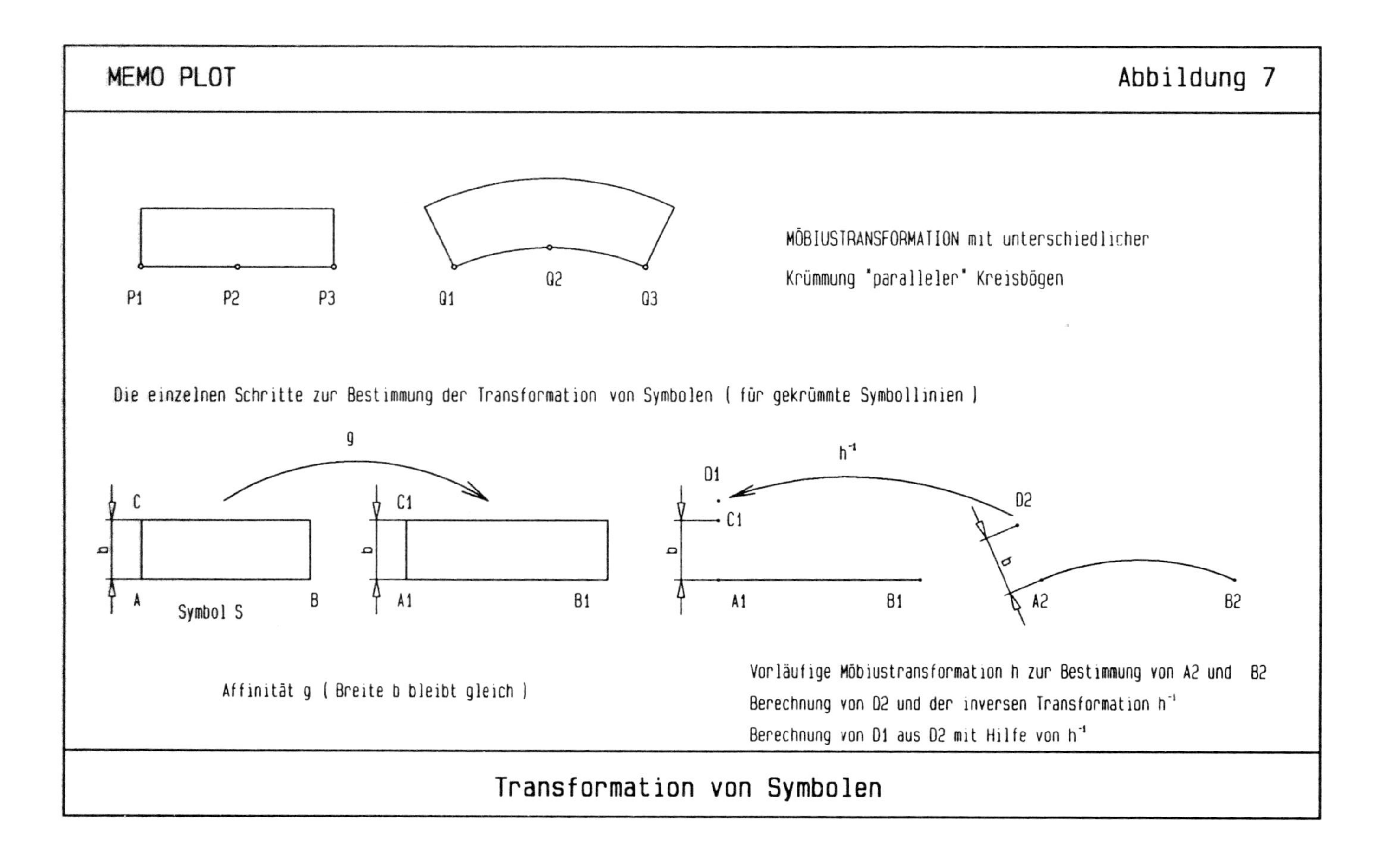
MEMO PLOT
Abbildung 7
P1
P2
P3
Q1
Q2
Q3
MÖBIUSTRANSFORMATION mit unterschiedlicher
Krümmung "paralleler" Kreisbögen
Die einzelnen Schritte zur Bestimmung der Transformation von Symbolen (für gekrümmte Symbollinien)
g
C
b
A
Symbol S
B
C1
A1
B1
h⁻¹
D1
C1
b
A1
B1
D2
b
A2
B2
Affinität g (Breite b bleibt gleich)
Vorläufige Möbiustransformation h zur Bestimmung von A2 und B2
Berechnung von D2 und der inversen Transformation h⁻¹
Berechnung von D1 aus D2 mit Hilfe von h⁻¹
Transformation von Symbolen

(d.h. für beliebige Symbollinien und nicht nur für einige wenige Spezialfälle) gelöst werden, muß man nach einer mathematischen Transformation suchen, die ein Rechteck auf ein Kreisbogenviereck abbildet, wobei "gewisse geometrische Zusammenhänge" erhalten bleiben sollen (z.B. Abbildung von parallelen Geraden auf parallele Kreisbögen, dazu senkrechte Geraden sollen auf Geraden abgebildet werden, welche die Kreisbögen orthogonal schneiden usf. siehe Abb. 6).

Mit Mitteln der höheren Mathematik lassen sich ohne Zweifel Funktionen konstruieren, die die geforderten Eigenschaften (oder zumindest einige von ihnen) ganz oder näherungsweise erfüllen. Damit allerdings diese Transformation auch in der Praxis anwendbar ist, muß sie einmal in geschlossener analytischer Form darstellbar und zum anderen mit vernünftigen Rechenaufwand berechenbar sein (man beachte, daß diese Transformation für jedes einzelne Symbol , das auf dem Kreisbogen anzuordnen ist, neu berechnet werden muß). Ferner soll diese Transformation die Eigenschaft haben, daß die Bilder der einfachen geometrischen Elemente "Strecke" und "Kreisbogen" wieder ähnlich einfach Elemente sind und nicht etwa Kurven höherer Ordnung (diese könnten nur mit einem zusätzlichen, teilweise nicht unerheblichen Rechenaufwand, in die Graphik umgesetzt werden).

Wie vielleicht schon zu vermuten ist, gibt es keine Funktion, die all die geforderten Eigenschaften aufweist. Mit der sogenannten Möbiustransformation lassen sich allerdings für die Praxis durchaus brauchbare Resultate erzielen. Es handelt sich dabei um eine in der komplexen Zahlenebene $\mathbf{C}$ definierten Funktion der Gestalt

$$f(z) = \frac{az+b}{cz+d}$$

mit $a, b, c, d, \epsilon \mathbf{C}$ und $ad - bc \neq 0$.

Diese Abbildungen werden in der Funktionentheorie auch als "lineare Transformationen" bezeichnet (sie dürfen allerdings nicht mit den im Abschnitt 3 erwähnten linearen Funktionen verwechselt werden). Ihre wesentlichste Eigenschaft ist die Kreisinvarianz, d.h. Kreise gehen bei dieser Abbildung wieder in Kreise über. Dabei werden Geraden als spezielle Kreise mit "unendlich" großen Radius aufgefaßt. Da ein Kreis durch 3 Punkte eindeutig festgelegt ist, kann die Funktion $f(z)$ durch Vorgabe von 3 Punkten und ihrer entsprechenden Bildpunkte sofort aufgestellt werden (siehe Abb. 7):

Werden die Punkte $P_1, \ldots, P_3$ als komplexe Zahlen $Z_1, \ldots, Z_3$ interpretiert und die Bildpunkte $Q_1, \ldots, Q_3$ als komplexe Zahlen W_1, W_2 und W_3 so ergibt sich die Funktion $W = f(z)$ unmittelbar durch Auflösung der Gleichung

$$\frac{W - W_1}{W - W_2} : \frac{W_3 - W_1}{W_3 - W_2} = \frac{Z - Z_1}{Z - Z_2} : \frac{Z_3 - Z_1}{Z_3 - Z_2} \qquad (*)$$

nach W .

Die auf der rechten Seite der Gleichung (*) stehende Größe wird als Doppelverhältnis in der vier Punkte (Z_1, Z_2, Z, Z_3) bezeichnet.

Zu den schönen Eigenschaften dieser Funktionen (leichtes Aufstellen der Transformationsgleichung, Bilder von Strecken und Kreisbögen sind wieder Strecken bzw. Kreisbögen) gesellt sich jedoch eine Eigenschaft, die für unsere Zwecke eher weniger geeignet ist: Betrachtet man eine zu den Punkten P_1, P_2, P_3 parallele Strecke, so geht diese nicht in einen zu Q_1, Q_2, Q_3 parallelen Kreisbogen über. Die "Abweichung" von der Parallelität wird dabei umso größer, je stärker die Krümmung des Kreises ist, auf den die Strecke P_1, P_2, P_3 abgebildet wird.

Es würde den Rahmen dieses Artikels sprengen, die "Abweichung von der Parallelität" in Abhängigkeit von der Krümmung des Bildkreises formelmäßig darzustellen. Für die in der Praxis auftretenden Krümmungen zeigen sich allerdings optisch kaum feststellbare Abweichungen, sodaß die Verwendung von Möbinstransformationen für kreisförmige Symbollinien als sehr gut geeignet bezeichnet werden kann.

Die im Abschnitt 4.1. angeführte Notwendigkeit, nur eine ganzzahlige Anzahl von Symbolen auf einer Strecke anzuordnen, ergibt sich natürlich ebenfalls für Kreisbögen. Da das Verzerrungsverhalten einer Möbiustransformation mit dem einer Affinität nicht vergleichbar ist, muß vor Ausführung der Möbiustransformation auf das Symbol eine zusätzliche spezielle affine Transformation ausgeübt werden. Der Streckungsfaktor f_1 für die horizontale Richtung des Symbols ergibt sich dabei analog zur in 4.1. aufgestellten Formel. Im Gegensatz zu 4.1. muß aber hier auch in der vertikalen Ausdchnung des Symbols eine geeignete Steckung (bzw. Stauchung) ausgefüllt werden; der entsprechende Faktor f_2 kann dabei über einen Hilfspunkt bestimmt werden. Die dazu notwendigen Schritte sind im folgenden schlagwortartig zusammengefaßt: (vergleiche mit Abb. 7)

1. Berechnung des Streckenfaktors f_1, sodaß eine ganzzahlige Anzahl von Symbolen auf dem Kreisbogen angeordnet werden und Ausübung der entsprechenden Affinität g auf das Symbol S. Bei dieser Affinität bleibt die Breite b des Symbols vorerst gleich.

2. Berechnung der Möbiustransformation h, welche die Strecke A_1B_1 auf den Kreisbogen A_2B_2 abbildet. Das Bild von C_1 ist dabei vorerst irrelevant, denn der Abstand A_2 zu C_2 ist im allgemeinen von der Symbolbreite b verschieden.

3. Berechnung des Punktes D_2, sodaß der Abstand von D_2 zu A_2 der gewünschten Breite b des Symbols entspricht.

4. Bestimmung der zu h inversen Möbiustransformation h^{-1} und Berechnung des Bildes von $D_2 : D_1 = h^{-1}(D_2)$.

5. Bestimmung des Streckungsfaktors f_2 (in vertikaler Richtung) als Verhältnis $A_1C_1 : A_1D_1$

6. Endgültige Aufstellung der Transformationsgleichungen für das Symbol S als Hintereinanderausführung einer Affinität g_1 mit Streckungsfaktoren f_1 und f_2 und der Möbiustransformation h_1:

$$T := h_1 \circ g_1$$

$$\begin{aligned} A_2 &= T(A) = h_1(A_1) = h_1(g_1(A)) \\ B_2 &= T(B) = h_1(B_1) = h_1(g_1(B)) \\ D_2 &= T(C) = h_1(D_1) = h_1(g_1(C)) \end{aligned}$$

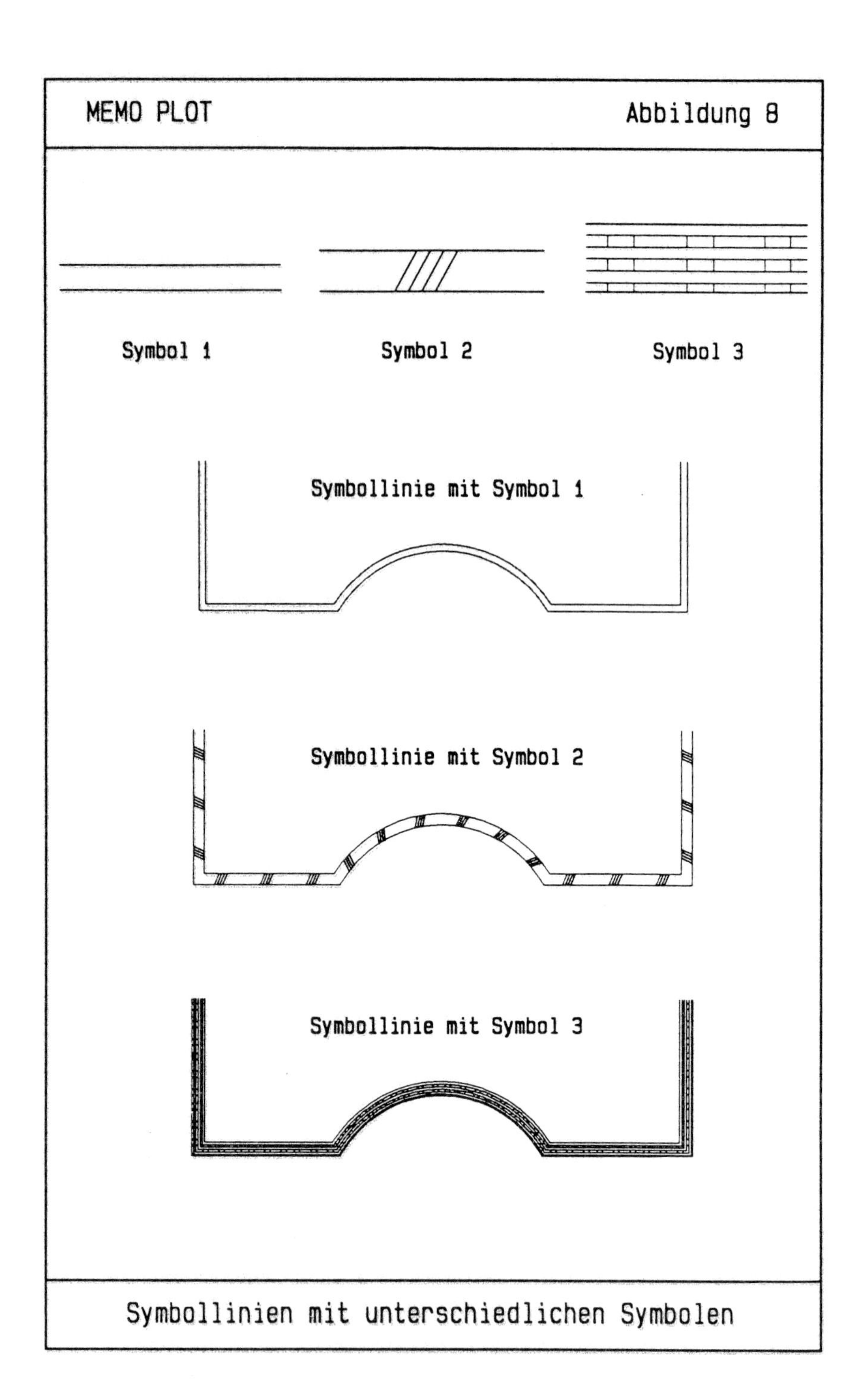
MEMO PLOT
Abbildung 8
Symbol 1
Symbol 2
Symbol 3
Symbollinie mit Symbol 1
Symbollinie mit Symbol 2
Symbollinie mit Symbol 3
Symbollinien mit unterschiedlichen Symbolen

Wenn man bedenkt, daß diese Prozedur für jedes einzelne Symbol durchgeführt werden muß , das auf dem Kreisbogen angeordnet werden soll, und erst dann mit der gewonnen Transformation die Bilder der einzelnen geometrischen Elemente des Symbols berechnet werden müssen (diese sind dann auf dem Ausgabemedium zu zeichnen), kann der enorme Rechenaufwand, der dabei geleistet werden muß , in etwa abgeschätzt werden.

In der Abb. 8 ist eine Symbollinie mit drei unterschiedlichen Symbolen wiedergegeben.

Erwin **Niese**
Institut für Didaktik

Didaktik der Mathematik

Anläßlich des 21-jährigen Bestehens des Instituts für Mathematik an der Universität Salzburg sollen im folgenden einige Bemerkungen zur Verbindung zwischen Mathematik (als wissenschaftlichem Fach) und der Didaktik der Mathematik gemacht werden.
Es ist eine lange bekannte Tatsache, daß an Mathematischen Instituten neben Forschung und Ausbildung von Fachmathematikern immer schon Gymnasiallehrer für das Fach Mathematik ausgebildet wurden. Die darin zum Ausdruck kommende Höhe der rein mathematischen Qualifizierung der AHS-Mathematiker stellt eine wohl notwendige Bedingung für ein gedeihliches Wirken im pädagogischen Feld dar. Darüber hinaus hat sich seit einigen Jahren die Erkenntnis breitgemacht, daß für den Lehrerstudenten eine zusätzliche, auf sein kommendes Wirken als Unterrichtender abgestimmte Ausbildung angeboten werden muß , die didaktische und methodische Komponenten umfaßt. Aus dem Studienplan bzw. dem Vorlesungsverzeichnis lassen sich die entsprechenden Schwerpunkte ablesen: "Schulmathematik", "Grundfragen der Didaktik der Mathematik", "Fachdidaktische Seminare", "Schulpraktika", etc.
In diesen Veranstaltungen wird u.a. versucht

- eine Brücke zwischen dem hohen Niveau der Universitätsmathematik und der Gymnasialmathematik (mit ihren besonderen Problemstellungen) zu schlagen,
- Fragen bzgl. der Vorbereitung, Planung und Durchführung des Mathematikunterrichtes aufzuwerfen und zu klären,
- Probleme der Notengebung und des Schulalltages (Rechtsvorschriften u.ä.) zu besprechen,
- Probleme von Sinn und Zweck mathematischen Unterrichtes und
- Probleme der Lehrer-Schülerinteraktion aufzuwerfen, sowie
- in den Praktika die Studenten erste praktische Erfahrungen im Umgang mit Klassen unter Leitung erfahrener Pädagogen machen zu lassen.

Daneben wird in Salzburg didaktisch-wissenschaftliche Forschungsarbeit geleistet, in der Fortbildung der AHS-Lehrer mitgearbeitet und eine Zeitschrift "Mathematik im Unterricht" herausgegeben.

Alle diese Aufgaben werden von der Abteilung für Didaktik der Mathematik des Instituts für Didaktik der Naturwissenschaften (derzeitiger Vorstand: Univ.Prof.Dr.Horst Werner) wahrgenommen. Dieses Institut wurde vor 10 Jahren gegründet, davor war die Didaktik der Mathematik in das Mathematische Institut integriert gewesen. Aus dieser Tradition einerseits und durch sachliche Gegebenheiten andererseits besteht eine relativ enge Beziehung zwischen der Mathematik-Abteilung des Didaktik-Institutes und dem Mathematischen Institut. Dieser Zusammenhang wird u.a. dadurch dokumentiert, daß Dr. Fritz Schweiger beiden Instituten als Professor angehört und daß auch gemeinsame Seminare veranstaltet werden, die von jeweils einem Mitglied der beiden Institute geleitet werden.

(Die Verbindungen zur Biologie-Abteilung des Didaktik-Institutes sind naturgemäß nicht im Fach Mathematik, sondern etwa durch gemeinsame Probleme in Allgemeiner Didaktik und Angewandter Psychologie gegeben).

Mit der Abteilung für Mathematik sind derzeit enger verbunden:

Professor: Dr. Fritz Schweiger
Assistent: Doz.Mag.Dr. Karl Josef Parisot
Wiss. Mitarbeiter: Dr. Josef Gruber
Bundeslehrer: Mag. Erwin Niese
Mag.Dr. Ingo Rath
Honorarprofessor: Dr. Heinrich Bürger
Universitätslektor: Hofrat Dir. Erich Weinkamer
Universitätslektor i.R.: OStR. Harald Thallmayer

MATHEMATIK STUDIEREN IN SALZBURG

Salzburg ist für viele ein interessanter Studienort, schon wegen der schönen Umgebung und dem reichen künstlerisch-kulturellen Angebot. Dazu kommt für die naturwissenschaftlichen Studienrichtungen das eindrucksvolle neue Universitätsgebäude. Doch das Wesentliche ist wohl das Studium selbst, und hier hat gerade das Mathematische Institut einige Besonderheiten zu bieten.

Das Mathematikstudium ist zwar in einer gesamtösterreichischen Studienordnung geregelt, doch diese stellt nur einen groben Rahmen dar. Erst die Studienpläne der einzelnen Universitäten bestimmen den tatsächlichen Ablauf eines Studiums.

Im Jahre 1977 wurde der erste Salzburger Studienplan für Mathematik beschlossen. Seither hat sich einerseits das Institut weiterentwickelt, andererseits haben sich die Anforderungen an die Absolventen eines solchen Studiums deutlich verschoben. Das Institut für Mathematik war flexibel genug, den Studienplan rasch den Gegebenheiten anzupassen. So stellt z.B. schon seit mehreren Jahren die EDV-Ausbildung einen festen Bestandteil des Mathematikstudiums dar, obwohl die entsprechende bundesweite Regelung noch längere Zeit auf sich warten lassen wird.

Wesentliche Leitgedanken bei der Neugestaltung unseres Studiums waren die folgenden:

a) Erhöhung des Anteils der Lehrveranstaltung, bei denen die Studierenden selbst aktiv sein können (Proseminare, Seminare, Praktika etc.).

b) Reduzierung des Umfangs der Pflichtfächer zugunsten der Wahlfächer, um den speziellen Interessen der Studenten entgegenzukommen und damit ihre Lernmotivation zu steigern.

c) Verbesserung der beruflichen Chancen der Studienabgänger durch Ermöglichung einer mehr praxisorientierten Ausbildung.

Diesen Zielen sind an einem kleineren Institut natürlich gewisse Grenzen gesetzt. Durch viel persönliches Engagement und mit Hilfe von externen Lehrbeauftragten, sowie auch des Universitäts-Rechenzentrums, ist es dennoch gelungen, ein breites Lehrangebot zu schaffen, das den Anforderungen in hohem Maße gerecht wird.

Dazu kommen typische Vorteile einer kleineren Universität. Z.B. ist durch die überschaubaren Hörerzahlen eine intensivere Betreuung der Studierenden möglich. Häufig erübrigen sich unangenehme Organisationsformen. So stehen etwa die (vom Rechenzentrum unabhängigen) Übungscomputer des mathematischen Instituts den interessierten Studenten praktisch jederzeit zur Verfügung.

Es gibt derzeit zwei Studienzweige der Studienrichtung Mathematik. Der erste (das sogenannte **"Diplomstudium"**) dient der Vorbereitung auf Berufe, bei denen die Mathematik im Vordergrund steht. Je nach Neigung kann der Student im zweiten Studienabschnitt das Schwergewicht auf eine Vertiefung in die eigentliche Mathematik legen (und damit für alle Anwendungen offen bleiben) oder eine der beiden folgenden Varianten wählen:

A: Schwerpunkt Systemanalyse und mathematische Modellierung (hierzu gehört auch eine verstärkte Computerausbildung),

B: Schwerpunkt Statistik und Wahrscheinlichkeitstheorie (mit verschiedenen Spezial-lehrveranstaltungen, z.B. über stochastische Prozesse).

Ab dem nächsten Studienjahr wird durch ein eigenes Ordinariat für Systemanalyse die Variante A noch besser betreut werden können.

Der zweite Studienzweig stellt das **Lehramtsstudium** dar. Dieses ist einerseits mit einem zweiten Fach zu kombinieren und andererseits mit einer pädagogisch-didaktischen Ausbildung. Auch hier wurde schon sehr bald (im Gegensatz zu anderen Universitäten) die Informatik in den Studienplan integriert, u.a. durch eine eigene Vorlesung "EDV für Lehramtskandidaten".

Für die Absolventen beider Studienzweige gibt es anschließend die Möglichkeit des **Doktoratsstudiums**. Für den wissenschaftlich ambitionierten Studenten steht dazu eine Reihe von hochqualifizierten Mathematikern verschiedenster Spezialrichtungen für Anregung und Beratung zur Verfügung, sodaß die Ausarbeitung von Dissertationen mit hohem Niveau möglich ist.

Im nächsten oder übernächsten Jahr wird voraussichtlich ein Studienversuch **"Computerwissenschaften"** eingerichtet werden. Dabei handelt es sich um eine Kombination von Informatik und Mathematik mit verschiedenen Ergänzungsfächern (Physik, Elektronik, Humanwissensschaften, Wirtschafts- und Rechtswissenschaften).

Zusammenfassend können wir feststellen, daß das mathematische Institut der Universität Salzburg trotz (oder gerade wegen) der natürlichen Beschränkungen einer relativ kleinen Universität in einer relativ kleinen Stadt ein für viele interessantes Studienangebot vorweisen kann.

J. Linhart

DIE MITARBEITER DES INSTITUTS

Der erste, der am Institut für Mathematik seinen Dienst angetreten hat, war

Wilhelm Fleischer (1941 - 1982), der nach seinem Studium der Mathematik an der Univ. Wien ab 14. 10. 1967 als Assistent an der Univ. Salzburg tätig war und sich hier 1973 für Mathematik habilitierte. Er war am Aufbau des Instituts wesentlich beteiligt und ist den Mitarbeitern als ausgezeichneter Mathematiker und liebenswerter Kollege in Erinnerung.

Derzeit sind, in der Reihenfolge ihres Dienstantritts, am Institut für Mathematik (bzw. in der Abteilung Mathematik des Instituts für Didaktik) beschäftigt:

August Florian, geb. 1928, Studium Mathematik/Physik an der Univ. Graz, Habilitation 1957 an der TH Graz (1962 Univ. Wien), Assistent an der Univ. Graz, TH Graz und TH Wien, 1963 tit. a.o. Prof. an der TH Wien, seit 27. 12. 1967 o. Prof. am Institut für Mathematik in Salzburg. Korr. Mitglied der Österr. Akademie der Wissenschaften. Arbeitsgebiete: Diskrete Geometrie, Theorie der konvexen Körper.

Fritz Schweiger, geb. 1942, Studium Mathematik/Physik an der Univ. Wien, hier Assistent 1964 - 69, Habilitation 1968, seit 1969 o. Prof. für Mathematik an der Univ. Salzburg, seit 1973 auch für Didaktik der Mathematik; 1974/75 an der Michigan State University (USA), 1981 an der Monash University (Melbourne, Australien). Dekan 1977 - 79 und 1985 - 87, Rektor 1987 - 89. Arbeitsgebiete: Zahlentheorie, Ergodentheorie, Didaktik der Mathematik.

Johann Linhart, geb. 1947, Studium Mathematik/Physik an der Univ. Wien, seit 1969 Assistent am Institut für Mathematik in Salzburg, hier 1977 Habilitation. Im SS 1987 an der Univ. St. Charles in Marseille. Arbeitsgebiete: Diskrete Geometrie, Computergeometrie.

Walter Bauer, geb. 1945, Studium Mathematik/Physik an der Univ. Wien, Promotion sub auspiciis, Assistent 1967 - 70 an der Univ. Wien, seit 1970 an der Univ. Salzburg. 1974/75 an der Michigan State University (USA). Habilitation 1978 an der Univ. Salzburg. Arbeitsgebiete: Gleichverteilungstheorie, Grenzverteilungstheorie stochastischer Prozesse, topologische dynamische Systeme.

Peter Zinterhof, geb. 1944, Studium Mathematik/Physik an der Univ. Wien, Studienjahr 1966 am Akademie-Institut für Mathematik in Moskau, 1966 - 71 Konsulent des Verbundkonzerns, 1968 - 72 Assistent an der TU Wien, 1972 Habilitation an der TU Wien, seit 1972 o. Prof. am Institut für Mathematik der Univ. Salzburg, Dekan 1979 - 81, Vorstand des EDV-Zentrums. Arbeitsgebiete: Numerik, Informatik, Operations Research.

Karl Josef Parisot, geb. 1942, Studium Pädagogik/Mathematik an der Univ. Wien, Volksschul-, Hauptschul- und AHS-Lehrer 1965 - 69, Assistent an der Hochschule für Welthandel 1970, an der Univ. Klagenfurt 1970 - 73, am Institut für Mathematik der Univ. Salzburg ab 1973, nun am Institut für Didaktik der Naturwissenschaften,

Abteilung Mathematik. 1984 Habilitation. Arbeitsgebiet: Didaktik der Mathematik.
Hans Stegbuchner, geb. 1947, Studium Mathematik/Geographie an der Univ. Salzburg, Promotion sub auspiciis, 1972/73 Probejahr an der AHS, seit 1973 Assistent am Institut für Mathematik der Univ. Salzburg, hier Habilitation 1980. Arbeitsgebiete: CAD, Funktionentheorie, angewandte Zahlentheorie.
Ingo Rath, geb. 1941, Studium Mathematik/Physik an der Univ. Innsbruck, Didaktik der Mathematik/Psychologie an der Univ. Salzburg, hier 1984 Promotion. 1965 - 83 AHS-Lehrer, seit 1973 Bundeslehrer am Institut für Mathematik der Univ. Salzburg (nun am Institut für Didaktik der Naturwissenschaften, Abteilung Mathematik). Arbeitsgebiete: Persönlichkeit und Unterricht, Didaktik der Mathematik.
Peter Gerl, geb. 1940, Studium Mathematik/Darstellende Geometrie/Astronomie an der Univ. Wien und TH Wien, 1962 - 74 Assistent am Institut für Mathematik der Univ. Wien, hier 1972 Habilitation. 1962/63 an der Univ. Mainz (Forschungsstipendium), 1966 - 68 Universite Lovanium in Kinshasa (Zaire), 1972/73 Pahlavi University in Shiraz (Iran). Seit 1974 o. Prof. am Institut für Mathematik an der Univ. Salzburg. Arbeitsgebiete: Mittelbare Gruppen, Wahrscheinlichkeitsmaße und Irrfahrten auf Graphen, Unterhaltungsmathematik.
Maximilian Thaler, geb. 1950, Studium Mathematik/Physik an der Univ. Innsbruck, Promotion sub auspiciis, Assistent 1972 - 75 an der Technischen Fakultät der Univ. Innsbruck, seit 1976 am Institut für Mathematik in Salzburg. 1979 für 6 Monate an der University of Warwick (England). 1984 Habilitation. Arbeitsgebiet: Ergodentheorie reeller Abbildungen.
Ferdinand Österreicher, geb. 1945, Studium der Technischen Mathematik an der TH Wien, 1969 - 76 Assistent am Institut für Statistik der TH Wien, seit 1976 am Institut für Mathematik der Univ. Salzburg, 1978 Habilitation. 1973 /74 an der Universität in Freiburg i. Br., WS 1975/76 an der Ungarischen Akademie der Wissenschaften in Budapest, 1979 und 1986 für jeweils 6 Monate an der Michigan State University (USA). Arbeitsgebiete: Stochastische Prozesse (Markovketten), Mathematische Statistik (Vergleich von statistischen Experimenten und robuste Tests).
Johannes Czermak, geb. 1942, Studium Mathematik/Astronomie an der Univ. Wien, Assistent 1965 - 67 TH Wien, 1967 - 68 Institut für Logistik der Univ. Wien, 1968 - 72 Mathematisches Institut der Univ. München, 1972 - 77 Internationales Forschungszentrum Salzburg, 1976 Habilitation an der Univ. Salzburg, 1977 für 6 Monate an der University of California, Irvine (USA), 1977 - 82 Assistent, seit 1982 a. o. Prof. am Institut für Mathematik in Salzburg. Arbeitsgebiet: Logik und deren Anwendungen.
Peter Hellekalek, geb. 1953, Studium Mathematik/Physik für Bio- und Geowissenschaften an der Univ. Salzburg, seit 1978 Assistent am Institut für Mathematik in Salzburg. 1979 für 9 Monate an der University of Warwick, England, 1981, 1982, 1983/84 und 1986 an der Universite de Provence in Marseille. 1986 Habilitation an der Univ. Salzburg. Arbeitsgebiete: Gleichverteilung von Folgen modulo eins, Schiefprodukte über kompakte Gruppen.
Franz Kinzl, geb. 1950, Studium Mathematik/Theologie/Physik an der Univ. Salzburg und der Univ. Innsbruck, Wissenschaftl. Hilfskraft am Institut für Mathematik der Univ. Salzburg 1974 - 76, Assistent am Institut für Informatik und Numerische Mathematik der Univ. Innsbruck 1976 - 78 und ab 1978 am Institut für Mathematik in Salzburg. Arbeitsgebiete: Harmonische Analysis, Gleichverteilung von Fol-

tungspotenzen eines Wahrscheinlichkeitsmaßes, mathematische Anwendungen im Computerbereich.

Gerhard Racher, geb. 1952, Studium Mathematik/Physik, Promotion 1974, Habilitation 1982. Arbeitsgebiet: Funktionalanalysis.

Brigitte Elixhauser, seit 16. 1. 1981 Sekretärin am Institut für Mathematik.

Gerhard Larcher, geb. 1960, Studium Mathematik an der Univ. Salzburg, Promotion sub auspiciis, seit 1983 Assistent am Institut für Mathematik in Salzburg, 1986 für 2 Monate an der Universite de Provence in Marseille. Arbeitsgebiet: Gleichverteilung (Zahlentheorie).

Maria Angermaier, seit 5. 1. 1984 Sekretärin am Institut für Mathematik.

Erwin Niese, geb. 1951, Studium Mathematik/Physik an der Univ. Wien, seit 1975 AHS-Lehrer, seit 1983 Bundeslehrer am Institut für Didaktik der Naturwissenschaften, Abteilung Mathematik.

Eva-Maria Köstler, seit 15. 10. 1984 Sekretärin am Institut für Mathematik.

Helge Hagenauer, geb. 1960, Studium Mathematik an der Univ. Salzburg, seit 1986 hier Assistent am Institut für Mathematik. Arbeitsgebiete: Numerik, Computertomographie.

Michael Revers, geb. 1964, Studium Mathematik an der Univ. Salzburg, seit 1986 hier Assistent am Institut für Mathematik. Arbeitsgebiete: Numerik, Computertomographie.

Die beiden folgenden Lektoren sind seit Jahren ununterbrochen am Institut für Mathematik tätig:

Helmut J. Eflnger, geb. 1940, Studium Physik/Mathematik an der Univ. Wien, 1963 - 65 Forschungsassistent bei Siemens, München. 1966 - 67 und 1968 - 69 sowie 1979 und 1982 an der University of Georgia, USA; 1967 - 68 am Institut for Advanced Studies in Dublin, Irland; 1970 - 76 an der University of Otago Dunedin, Neuseeland; seit 1977 Gastdozent und Lehrbeauftragter an den Instituten für Mathematik und Philosophie an der Univ. Salzburg. 1987 Habilitation (in theoretischer Physik) an der Univ. Wien. Arbeitsgebiete: Nichtlineare Modelle in der Physik, Kosmologie.

Walter Kunnert, geb. 1945, Studium Mathematik/Darstellende Geometrie an der Univ. und TH Wien, AHS-Lehrer und seit 1977 Lehrbeauftragter für Darstellende Geometrie am Institut für Mathematik.

Als Dozenten wurden dem Institut für Mathematik weiters zugeordnet:

Roland Fischer, Assistent am Institut für Mathematik in Salzburg 1970 - 75, hier 1974 Habilitation, seit 1975 o.Prof. für Mathematik an der Universität Klagenfurt.

Wolfgang Woess, Habilitation an der Universität Salzburg 1985, Assistent an der Montanuniversität Leoben.

Als Assistenten waren am Institut für Mathematik auch tätig:

Dr. Walter Bayrhamer, Dr. Ingeborg Bittner, Mag. Clemens Reichsöllner, Mag. Gunter Zimmermann, Mag. Christian Zwickl-Bernhard.

Weiters waren als Bundeslehrer am Institut für Mathematik bzw. für Didaktik der Naturwissenschaften, Abteilung Mathematik, beschäftigt:

Mag. Dr. Elisabeth Tauber-Kortoletzky, Hofrat OStR. Mag. Erich Weinkamer, Prof. Harald Thallmayer, Prof. Rudolf Gruber.

Honorarprofessoren am Institut für Mathematik:

Univ.-Prof. Dr. Hans Hornich (1906 - 1979), o.Prof. für Mathematik an der TU Wien, 1975 - 1979 Hon. Prof. für Mathematik an der Universität Salzburg.
Univ.-Doz. Dr. Heinrich Bürger, geb. 1926, Hon. Prof. für Didaktik der Mathematik an der Universität Salzburg seit 1979.
Dipl.-Ing. Dr. techn. Wilhelm Frank, geb. 1916, Sektionschef i.R., seit 1980 an der Universität Salzburg Hon. Prof. für Angewandte Mathematik mit besonderer Berücksichtigung der Optimierung.
Univ.-Doz. Dipl.-Ing. DDr. Werner Koenne, geb. 1933, seit 1981 Hon. Prof. für Grundfragen der technischen Wissenschaften und Systemtheorie.

Gastprofessoren, Gastdozenten und Lektoren aus dem Ausland:

Laszlo Fejes Toth (Budapest, Ungarn), SS 1970 und Studienjahr 1978/79
John R. Kinney (East Lansing, Michigan, USA), Studienjahr 1972/73
Renate McLaughin (Ann Arbor, Michigan, USA), SS 1975
Jean-Paul Pier (Luxemburg), SS 1979
Gholamhossein Hamedani (Teheran), SS 1981
Hans Lausch (Melbourne, Australien), SS 1982
Ivo Schneider (München), WS 1982/83
Gabor Fejes Toth (Budapest, Ungarn), Studienjahr 1982/83
Shunji Ito (Tokyo, Japan), WS 1984/85
Dorian Feldman (East Lansing, Michigan, USA), SS 1984
Harald Hule (Brasilia), WS 1984/85
Pierre Liardet (Marseille, Frankreich), SS 1985
Gerard Rauzy (Marseille, Frankreich), SS 1987
John B. Miller (Melbourne, Australien), WS 1987/88
Claudia L. Badea-Simionescu (aus Rumänien, dzt. Wien), WS 1987/88

Am Freitag, den 17. Juni 1988 fand ein
Festkolloquium über Diskrete Geometrie anläßlich
des 60. Geburtstags des ersten Professors des
Instituts, Herrn O.Prof. Dr. August Florian, statt.

PROGRAMM

Begrüßung und Eröffnung

Prof. Dr. Lászlo Fejes Tóth, Budapest:
Alte und neue Probleme in der
anschaulichen Geometrie.

Prof. Dr. Jörg Wills, Siegen:
Finite Kugelpackungen und Kristallwachstum.

Prof. Dr. Geoffrey Shephard, Norwich:
How to colour isohedral tilings.

Prof. Dr. Peter Gruber, Wien:
Geschichte der Konvexität.

Prof. Dr. Rolf Schneider, Freiburg i.Br.:
Innere Parallelbereiche.

Prof. Dr. Ludwig Danzer, Dortmund:
Analoga der Penrose-Pflasterungen und
Quasikristalle.

Diese Tagung wurde ermöglicht durch die dankenswerte Unterstützung des
Bundesministeriums für Wissenschaft und Forschung in Wien sowie der
Österreichischen Forschungsgemeinschaft.

INCIPIT LIBER EPISTOLARVM AVRELII AVGVSTINI EPISCOPI HIPONENSIS DOCTORIS EXIMII EPISTOLA PRIMA AD VOLVSIANVM
GEORG
PFLIGERSDORFFER
AUGUSTINO
PRAECEPTORI

SAUTERIA
SCHRIFTENREIHE FÜR SYSTEMATISCHE BOTANIK, FLORISTIK U. GEOBOTANIK
BAND 2
VERBREITUNGSATLAS DER SALZBURGER GEFÄSZPFLANZEN
H. WITTMANN, A. SIEBENBRUNNER, P. PILSL UND P. HEISELMAYER
INSTITUT FÜR BOTANIK, SALZBURG 1987

SAUTERIA 3 FLECHTEN IM BUNDESLAND SALZBURG